數學學習心理學研究與應用

陳嘉皇 著

五南圖書出版公司 印行

目錄

表目錄

圖目錄

第一章

緒　　論

第一節　緣起

Skemp 於 1987 出版了《數學學習心理學》（*The Psychology of Learning Mathematics*）一書後，掀起了教育學者們對於數學如何教學的研究，也開始對於個體心理學的發展與數學學習之間的關聯和影響加以探討，並有多方面的進展與發現。該書內容設計了基模、符號、解題、溝通與情意等多項議題，提供了吾人在教學歷程須注意的重點（例如配合學習目標），並應遵循數學的本質和個體間認知與社會關係發展的脈絡，將數學教學視爲一種需要透過身體動作和人與人之間的互動來表達。長久以來數學教學有其侷限性，包括了：

1. 過於強調紙筆的練習，將數學教學侷限於紙筆練習，忽視了身體表達和人際互動的重要性。這使得大多數人無法眞正理解和欣賞數學。
2. 缺乏創造性，單純的算術練習無法激發學生的創造力和想像力。數學應該是一種探索和發現的過程，而不是死板的事實記憶。
3. 與生活疏離，將數學與學生的生活經驗脫節，使得學生無法將數學概念與實際應用聯繫起來，從中產生興趣和熱情。

由於數學家與教育者過度專注於符號，太擅長在紙上創造數學，並注重於計算，忽視了數學的意義。另一方面，缺乏普及性，讓太多人在童年就遠離數學，將數學視爲是一種痛苦的學科。這些現象宛如「潘朵拉的盒子」被打開了，呈現出數學學習的現實面貌，也激發了我們須重新定義數學教學，可從多元的角度進行數學學習：

1. 身體表達：鼓勵學生透過身體動作和互動來表達數學概念，例如手勢、舞蹈或遊戲。
2. 創造性探索：設計開放式的問題，讓學生自主探索和發現數學規律，培養他們的創造力和批判性思維。
3. 實際應用：將數學概念與學生的生活經驗和興趣相結合，使學生能夠理解數學在日常生活中的應用。

因此數學未來的教學應：

1. 協作學習：鼓勵學生以小組形式合作解決問題，培養他們的溝通和團隊合作能力。
2. 技術輔助：利用科技，例如虛擬實境和數據的視覺化使數學概念更生動，利用智能教學平台提供個性化學習體驗。
3. 實際應用：將數學與學生的生活相結合，使他們能夠理解數學在現實中的用途。
4. 創造性思維：鼓勵學生發展創造性思維，而不是單純的記憶和計算，培養他們的數學素養。

數學教學應該摒棄單純的紙筆練習，轉而重視身體表達、創造性探索和實際應用。透過這種方式，教師可以幫助學生更好地理解和欣賞數學，並培養他們的數學素養。這對數學教育者而言，不僅是一個教學方法的改革，更是一種對數學本質的重新認識和定義。Skemp 期待我們一起爲數學教學的未來而努力，讓數學成爲一種無聲的音樂，充滿創造力和生命力。音樂和數學符號都是用來表達抽象概念的符號系統，就像音樂符號代表聲音的模式，數學符號也代表著數學思維的模式。優秀的作曲家和數學家都能夠在腦海中聽到或看到他們的創作，並將其轉化爲符號化的形式，但這需要強大的想像力和直觀思維。音樂需要透過演奏和聆聽來表達，數學也應該透過溝通和互動來表達，這種表達方式能夠加深對概念的理解。然而要如何讓那些只教授算術練習的教師了解數學的內在思維和互動性？如何讓學生重新欣賞數學的美妙之處，就像他們欣賞音樂一樣？這是本書撰寫的目的。本文內容即以 Skemp 的書籍內容作爲基礎，蒐集了近幾十年關於數學學習心理學的相關研究文獻，輔以作者的研究經驗，加以爬梳彙整，以提供師資生與在職教師參考應用，除了解心理學與數學相互爲用之外，希望教師能明白若無心理學基礎即無數學學習之始的觀念。

第二節　內容介紹

我們常聞「要怎麼收穫，先怎麼栽」，此話語啟示我們若要好的收成是需要「天時、地利、人和」的。如栽種的隱喻一樣：教師要將數學教的有效，讓學生學習有所表現，那麼在「天時」部分就須掌握學生認知與心理發展程序，適時予以鷹架和協助；在「地利」方面則須設置良好學習環境，鼓勵善用周遭資源和工具協助數學概念的理解；「人和」方面則要求師生要進行溝通互動，利用表徵和動作體現，關懷所處的生態與人類福祉。Kilpatrick（2008, 2013）在討論數學與數學教育的關係時主張：「我們可以把數學和數學教育視爲夥伴、互補。數學既是一門專業，也是一門學科，是一個實踐領域和研究領域。」與從業者的關注相結合，爲教師、師資培育工作者和課程開發人員所面臨的實際問題提供科學的理解和解決方案：數學教育研究者和數學教師有一個共同的目標——改進數學的教學和學習。

Kilpatrick 也對數學教育研究的起源提供了最全面的論述。他指出，數學家長期以來對中學生課程相關問題及後來的小學課程感興趣，而心理學家則對算術技能和概念的學習感興趣。尤其是心理學研究，它是指導課程開發和教學培訓研究資訊的主要來源，以讓我們可以將課程和師資培育建立在研究的基礎上。

關於數學教學和學習的心理學研究在二十世紀上半葉占據主導地位，從二十世紀 50 年代開始，數學教育的研究開始大量出現，這趨勢在二十世紀下半葉及二十一世紀初加速。至今在數學學習研究方面，透過心智和腦神經科學、科技創新應用，與各式教育和學習理論的推陳出新，增添了數學教育與學習領域多方的能量，也激發了許多面向的探討研究，對於數學教育界有重大的影響和改變，對學習數學的目標、學習內容、如何學習和對個體和人類福祉的影響，以及改善上述課室中數學教學的困境和限制，皆有深入的省思與發想。本書以 Skemp 的原初著作爲基礎，並融入近30年來教育界新興的研究議題（例如體現教育）及教學研究的發現，彙整成書，提供中小學教師在課室執行數學教學時，對於活動安排、教學策略應用、學生心理與認知掌握有所參考並應用。本書編輯內容茲簡述如下：

第一章　緒論

從本書撰寫之背景及動機之緣由說明開始闡述，並做本書相關章節內容介紹。

第二章　基模：學習的心智模式

敘述心理學界對基模的定義與概念、功能，介紹基模的類型與運作，提供等號概念基模與概念結構化的基模類型範例，以彰顯基模導向的解題應用。

第三章　學習軌道：活動設計與實踐

整合學習軌道的定義與內涵，示範學習軌道的應用，並介紹學習軌道與評量的關係，完整描述學習軌道在數學活動設計之要點。

第四章　單位化：運算與解題的基礎

說明單位化的定義與概念，提供單位化的發展與策略，並介紹整數與乘法的單位化、分數除法的單位化範例作爲參考應用，進而理解數學程序性知識執行時應有所本。

第五章　表徵：溝通與表現的工具

說明表徵的定義與重要性，介紹表徵的功能與作用、表徵的類型，並提供表徵的教學設計、提示表徵應用與限制，以利教學最大效用，促進學生數學概念理解與轉換。

第六章　符號：數學概念理解與溝通的利器

細說符號的定義與介紹符號的相關學說，確立數學符號化的歷程，提供範例以說明符號的應用，了解符號在概念抽象和溝通之重要性。

第七章　視覺化：物件在空間的意義傳遞

介紹視覺化的定義與內涵，透過視覺化的歷程、視覺化的發展理解視覺化之應用，促進學生視覺化與空間思維，激發數學心像之保留與創發。

第八章　體現認知：數學概念之生成和操作

展現體現認知的定義與背景，敘述體現認知的內涵，明瞭體現認知在教育中的功能，透過體現認知的應用強化體現認知活動的設計。

第九章　情感：溝通與表現之基石

說明情感的定義與參與學習的關係，介紹參與學習的類型與情感的相關內涵，解說情感表徵系統與解題、影響數學學習情感的要素，倡導數學正向情感的培養，以促進數學學習正向心理反應。

由於數學內容廣泛深奧，解題與思維多元複雜，加上長久時間與歷史的遞移演化，衍生甚多具有意義與解釋相似的詞彙，本書內容提及之相關術語或詞彙，只是統稱，當讀者閱讀時針對相關詞彙有疑義時，建議可再深究，以明瞭其異同，而能確立其定義和解說；另外知識之傳遞迅速、日新月異，本書收錄及爬梳之相關文獻，鑒於筆者之經驗侷限與興趣範疇，無法全面包容，若有興趣之讀者或教師想加以明瞭，可針對提供之文獻深入延伸探討，追求更多新知，追隨時代脈絡以理解數學心理學之演變和發展；最重要的是，要縮短理論與實務間之差距，建議讀者可抱持積極態度與接受挑戰之意圖，根據書中提及之學說和實例進行嘗試與實踐，反映心理學對於數學教育之影響與重要性，透過心理學與數學教育之連結，促進教師有效教學，提升學生數學學習最佳反應表現。

第二章

基模：學習的心智模式

「發展」此術語常常被視為是對學生思想和行動變化的一般解釋，例如學生在解題時思考變得成熟有序、解題技巧快速穩健，可說其達成某目標的能力。然而，學生對這些數學的新知識或技巧是如何獲得和養成？仍然是一個存在已久的問題。按照皮亞傑（Jean Piaget）的認知理論，智能的發展是來自於基模的改變而產生。從嬰兒出生後，即開始主動地運用其與生俱來的一些基模，來對環境中的事物做出反應，從而獲取知識，此種認知模式就稱為基模（schema，本文翻譯為基模，眾多基模連結一起稱為 scheme，本文亦統稱基模），亦稱作心智結構。基模是什麼？如何發展？對學生的數學學習產生怎樣的影響和效用呢？本章內容首先針對「基模」加以闡述，再者，提供數學學習相關的基模類型及研究內容，協助實務或研究者對其在數學教育上的應用有一輪廓的認識。

第一節　基模的定義與概念

基模的定義可做以下解釋：

壹、基模是組織知識的機制

所謂基模和心智模式，在認知心理學中皆可以當成是認知發展核心的理論架構，用來豐富認知與學習上有關訊息處理、邏輯推理和解題等相關的知識。我們可以透過基模來預測事物的特殊特徵，產出合宜的線索當成邏輯推理重要的概念，在不同的學術領域探究知識的合理性。學習理論假定知識可像基模一般地被組織，推理是經由實用的基模所完成的。例如「基模導向的推理」（schema-based reasoning）主張知識是儲存在推理的基模中，包含了過去對單一範例成功推理與解題的紀錄，藉由一般化的基模擴展了對單一範例推理的概念，並能有效的運用情境衍生的知識，轉化到新的問題上，例如正六邊形桌子在其每邊安排座位，數張正六邊形桌子邊靠邊連接後，N 張桌子可以坐幾人的問題，從解題歷程可見學生如何透過原先的數量關係思維解題。

基模也可以指個人對人、事、物或對社會現實的看法，包括客觀的事實、主觀的知覺，以及兩者組合而成的概念、理解、觀點與判斷等。Marshall（1995）就將學習視爲個體對事物經由認識、辨別、理解，從而獲得新知識的歷程，他將基模描述成是一種人類記憶的機制，可以儲存、綜合、歸納以及提取經驗，讓個體組織相似的經驗，進而協助辨識額外的經驗。基模的功能具備多樣的屬性，是由一組群聚的知識，包含辨識、思慮、計畫與執行等四個層面有關概念性與程序性的知識，與這些學習的知識之間的關係，如何與何時運用這些知識等資訊所組成。因此可以歸納基模具有兩項重要的功用：

1. 統合已經知道的知識（認同）。
2. 獲取新知識及產生眞正理解的心智工具（調適）。

貳、基模是連結知識的手段

另外，基模是爲了實現目標而組織的一系列操作，基模具備多元的屬性，是一組群聚的知識，包含概念性與程序性知識，以及這些知識之間的關係等資訊。當知識進行串連（chunk）時，基模會引導新資訊的同化作用，將新資訊與既存的知識進行整合，儲存之後，當處在新情境時，可感覺並加以運用。因此，以基模的觀點來看，獲得與先前基模相連結的數學概念、原理與步驟，會反過來爲將來的探索活動提供知識的基礎，這些知識的連結與重組可以產生更新且有力的基模結構。認同作用依賴基模的可用性與活化產生，如果基模無法適應新作業的需要，可以透過添加（accretion）、定調（tuning）或重組（reorganization）等機制加以調整（如圖 2-1 所示）。

圖 2-1

基模建置與運作的歷程

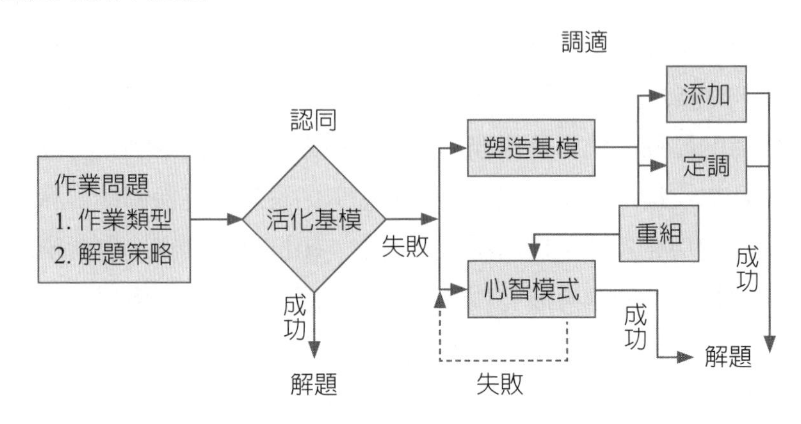

以此問題爲例：桌上擺設 5 列的花片，分別是 16、17、18、19、20 個，總共有多少個花片？學生列出算式 16+17+18+19+20= □後，可將數列中各數字皆變成 20，即分別添加了 4、3、2、1、0，然後採取 20×5−(4+3+2+1+0) 的方式算出總和，此策略爲添加機制的應用；定調的機制則是將 16 視爲此數列的基礎，17、18、19、20 比 16 此基礎數字分別多了 1、2、3、4，要計算此數列總和，可將定調的 16×5，再加上 1、2、3、4；爲使計算方便，學生亦可透過實物擺設比較的方式，將 20 個花片移動 2 個給 16 個花片，19 個花片移動 1 個給 17 個花片，形成每列都是 18 個花片，將 16+17+18+19+20 此算式重組成 18×5=90。當基模可適用於相似類型的問題時，那麼就可解決類似的問題，如果認同無法成功，爲辨識或重構某種個別的知識，那麼調適就會發生。當無適用的基模或重組失敗時，人類的心智就會自動地轉換至特別的基模結構，透過簡化和想像情境的類比做連結，將目標置於個體認爲合理的事物上。總而言之，利用基模作爲學習的基礎具有以下的優點：

1. 對未來的學習會較容易且持久不忘。
2. 學得概念比學得規則更具有應用性。
3. 將新經驗同化入既有的基模，可對個體產生成就感。

參、基模是應用解題的基礎

認同是依賴基模的可用性與活化，因爲它可讓新的訊息被立即整合至先前存在的認知結構（例如加法運算），當基模能夠很快的被活化時，就會自動的執行，並採取由上至下的方式進行訊息處理。此機制允許訊息能快速的處理，因爲可促使人們自動的適應其所接觸的環境，如果基模無法立即適應新作業的要求，可以調整而透過添加、定調或重組而尋找它們，所以基模配對就能立即用來解題。如果認同無法成功，爲了辨識或重構某種個別的知識，那麼調適就會發生。總而言之，如無適用的基模或是當其重組失敗時，人類的心智就會轉換至某種被定義爲動態、特別現象表徵的心智模式結構，或是透過簡化和想像情境，或透過類比推理，將目標置於主體的合理性上。教師透過對基模概念與其功能的理解後，要展現基模的效用，在數學教導和學習的歷程發現學生欠缺基模則須協助其「建模」，建立基模之後則須鼓勵其「用模」，並在合適的練習嘗試後「固模」，鞏固基模後則須提供機會讓學生「擴模」，以建立學生完善的數學結構和關係。

第二節　基模的功能

如上文所述，基模是一種記憶力的媒介，允許個體將相似的經驗在此基模之下進行組織，其功能可以讓個體：

1. 容易辨識相似的額外經驗，且能對相似的與不同的經驗進行區別。
2. 接觸包括所有相似經驗之基本的要素，例如語文和非語文要素組合的問題架構。
3. 導引推論、做估算、創造目標，以及發展運用此架構形成計畫，以進行解題。
4. 面對問題時，針對相關的問題，利用技巧、步驟或所需的規則成功解題。

根據 Marshall（1995）的看法，利用基模執行概念的學習，基模具有促進四種類型知識包容的機制，這些機制可以被分開或組合起來加以定義和研究。基模的四種機制分別爲：

壹、知識辨識（identification knowledge）

它是活化基模最基本的門路，其核心功能是樣式的辨認，提供作爲情境、事件及經驗最初的知識辨識。知識辨識不是個體透過已經描述的規則進行假設性的掃描和檢核特徵的表列，樣式的辨識須發生於許多特徵同時進行認知處理的結果，沒有單一的特徵可提供作爲辨識的激發。幾個特徵不同的輪廓呈現不同的樣式，學生必須在相同基本的情境下，依賴被注意的特殊特質才能同時被辨識，例如圖形樣式一般化的代數思維，即便是同一種圖形樣式任務，學生也會在抽離、一般化、論證與符號運算時呈現不同的認知特質。每種基模有其所屬不同辨識知識的核心功能，即使是兩種基模可能分享共通的元素。

貳、知識思慮（elaboration knowledge）

包含了對基模所發展的情境或周遭物件主要特徵的觀察，在本質上，它是一些概念最基本的宣稱，例如眼睛看見的物件數量有 7 個；典型上，從個體經驗發現的特殊範例，與一般的抽離結合在一起，可以用來描述這些經驗，將 7 個物件分成 3 和 4 個兩堆的物件，利用 3 和 4 兩數字做分合的運算。知識思慮促進個體創造現在問題的心智模式，之前的一般情境與經驗透過知識的區別而被辨識，從現在的經驗的闡述可以移轉在此情境的模版上。使用基模的知識思慮是一種詮釋性的步驟，個體對現今經驗的理解，是來自於適合這個基模既有模版的闡述，經驗思慮的闡述可以透過個體創造的喜愛說明，而或多或少的保留或捨棄，例如 2 和 6 兩數字之和不等於 7。基模的知識思慮，對於所面臨的物件特徵觀察，若無充分的闡述與一般的說明描述，就無法產生。

參、計畫知識（planning knowledge）

計畫知識指的是何種基模可被用來作為解題的計畫、創造期待及設定主要目標和次目標。基模的使用並非直線進行，對某種基模可以被用於對某特殊解題情境的辨識，並不需要解釋成它可自動化的被疏導到複雜的計畫裡。這個知識可以從使用的前一種基模的經驗獲得，並假設在運用時可急速的更新，例如加法運用後形成乘法的概念。計畫知識的檢驗可以協助我們當成決定某個體是否具備基模的研究者，個體可以運用辨識和思慮的知識，但若無法執行計畫知識，那麼個體是無法成為具有工作基模的人。

肆、知識執行（execution knowledge）

知識執行是指允許個體去執行計畫的步驟，它所包含的技術可以引導行動，像是形成技巧或是遵循四則運算的法則。知識執行可以在許多的基模之間彼此分享，例如所有算術文字題的基模在運用知識執行時，必須要處理加減乘除四個算術運算的執行，此選擇和運算的順序則是透過理解情境的變項關係後，利用計畫的知識而決定。

總結基模的運用和執行具有以下的特性：

1. 基模是一種基本的儲存架構。
2. 基模具有網絡的性質。
3. 基模的元素之間的連結程度決定了它的強度和可接觸性。
4. 基模具有彈性及擴展的特質，經由各種管道而可接觸。
5. 基模可以潛藏與重疊。

很明顯的，基模的網絡連結與可接觸的特質，協助學生在學習的歷程結合了同化和調適的機制，進行概念的組織，進而理解數學意涵。Piaget將心理相關的感知、想法和／或可以對物體、事件、現象執行的身體或心理行為的心理表徵，視為是學生在建立理解，並對其環境中的體驗做出反應的認知結構。隨著認知的發展，新的結構被發展出來，現有的基模將被更有效地組織，以能更好地適應環境。

第三節　基模的類型與運作

在數學學習歷程，學生從數量的辨識、比較與數字的對應開始，進而利用數字運算，擴展圖形和空間的思維，進行比例推理並利用符號進行一般化，這些能力皆是未來學習數學重要的基礎，然而它是由簡單的基模逐漸發展成複雜的心智模式而來。以下，茲就數學概念發展的基模相關研究加以介紹。

「發展」可以視爲學生思想和行動變化的一般解釋，一些研究人員使用動態的模式來解釋和模擬發展的過程。在此框架內，學生的認知發展被分析爲一個動態系統，認知會在環境中經由交互作用而發生變化，並且隨著時間的推移，在多個特定因素相互作用的影響下繼續不斷發展。亦即在認知發展的動態系統中：多種不同重要的基模共同促進認知發展，這些基模不斷地以複雜的方式直接或間接地相互作用，這些相互作用發生在多種背景下，從當下的情境到歷史文化背景，或從微觀到宏觀的多個時間尺度上展開。動態系統的四個關鍵面向——多重的因素、複雜的相互作用、多層次的背景和時間尺度——共同協作，產生了複雜的、突發的和自主組織的變化。

動態似乎是人類思維和人類物種的一個恆定的特徵，這種機制涉及了「動態心智的基模設施」（dynamic infrastructure of mind, DIM）。學生在出生後最初幾年的探索讓 DIM 發揮了作用，DIM 由一組微小的運算集合組成，這些集合是發展認知設施的基礎。這些運算集合（稱爲內部運算）的根源是與生俱來的，它們允許學生接觸周圍的世界，並思考這些環境和他們自己互動產出的現象和關係。內部運算允許學生根據相似性建立類別，並將這些類別擴展到更抽象的類別。Singer（2009）確定了學生時期具有七個運算的基模，這些基模根據其主要的組成部分進行命名，如下：關聯（associating）、比較（comparing）、代數集合的內部運算（包括原始定量運算，proto-quantitative operations）、拓撲運算（topological operations）、邏輯運算（logical operations）、迭代（iterating）和生成

（generating）。以下給出每一種基模簡短的描述。

1.**「關聯」的運算基模：**以「一對一」的對應關係爲主，連接兩個實體的運算。一對一的關聯允許「刺激─反應」類型的基本反射，可爲技能發展流程的自動化做出貢獻。一對一的映射（mapping）允許學生發展對應的經驗，並幫助他們識別熟悉的環境和人。當 2-3 歲的學生將單一的行爲角色賦予一種特徵類型時，一對一的關聯就會顯現出來，例如「汪汪聲音⇆狗」。一對一的對應在功能層面體現了人體的物理對稱性，一對一對應能力的建立，可從一對一對應物體的原始形式，發展到一對一關聯的各種表示，例如 1 顆蘋果以「1」代表。

2.**「比較」的運算基模：**以關係的建立爲主，將一個物體連接到一個或多個其他物體進行比對的運算，將一個特定的物體與周圍的其他物體聯繫起來，評估它們的相似點和差異。先前的「關聯」是將兩物體做雙邊連結（一對一類型）作爲發展任務，而「比較」則是以網絡的連結作爲基礎，擴展了「關聯」的作用；「關聯」強調對稱性（兩物體的相似或相同），「比較」則強調不對稱性（差異）。例如先前關聯舉的一個蘋果以 1 表示，後來以 1 此符號代表相同數量爲 1 的任何物體，支持建立類比推理的基礎，以 1 爲單位，經由比較得知 2 比 1 多 1。表 2-1 爲學生在動態心智的基模設施有關「關聯」和「比較」的運算基模之比較，以了解其差異。

表 2-1

「關聯」和「比較」的運算基模之比較

關聯	比較
一對一關係	一對一／一對多關係
基本反射（例如刺激─反應）	特定的物體連結周圍的物體
映射，幫助熟識環境和人	評估物體之間的異同
雙邊連結為表徵	網絡連結為表徵
對稱性，建立「類比推理」	不對稱性

3. **代數集合的內部運算基模：**指物體數量的運算或算術前運算，常指涉加、減、放大、縮小、組合、分割、合併、共享、折疊等物體數量的表達，可導引學生進行子化或單位化（unitlize）和計數等能力的發展。數量內部運算利用對所面對實物特性的認識，透過運動感知數量的變化，確保數量增加和減少。內部運算包括以明確定義的方式組合數量，並從離散量物體運算的角度，獲得分析的結果。例如兩物體的數量分別以 A 和 B 代表，如果 A>B，那麼從 A 中拿走了 B，還會剩下一些物體，即 A−B>0。
4. **拓樸運算的基模：**允許學生識別物體分布的邊界或占據的範圍，與離散的部分做關聯、感知全局（格式塔思維），以及跨越離散和連續之間的邊界（分和合）。拓撲運算的特性使學生能夠在顯著不同的情況下區分數字（基數），並允許他們在以後進行不同程度數量大小的估計（或數量保留概念），也導引對連續性表面的整體感知。
5. **邏輯運算的基模：**指涉使用基本連接詞的能力：合取、析取、否定、量詞作爲組合動作或命題的主要複合詞（conjunction, disjunction, negation, quantifiers）。透過合取或析取將兩個事實連結起來，並將這種關係的結果視爲第三個事實，例如 2 顆糖果和 3 顆糖果合起來會比原來的兩堆糖果還多，相反的，從 3 顆糖果中拿走 2 顆，則原來的糖果會變少。邏輯元素以內在運算的形式出現（例如組合和追加可用合取的概念顯示，拿走或比較的結果可用析取呈現運算結果），邏輯運算在語言發展中發揮重要作用，支持語言在數學思維中的「鷹架」功能，邏輯運算扮演連接代理的角色，可引導建構思想的後設系統。
6. **迭代的運算基模：**迭代是一種以思考爲主的遞歸能力，遞歸（recursion）是行爲固著的基礎，因爲它可以實現知識和技能的自動化和簡化。迭代也是試誤（trial-and-error mechanisms）而獲得行爲精緻化的重要組成部分。
7. **生成：**描述爲一種運算類別，其元素從已知的實體開始，創建以前未知的新實體。這一類別中的一個特殊元素是「抓取」（grasping），它允許立即感知一個實體或其本質，而無須在空間或時間中進行話語的傳遞，例如看見蘋果一堆，採用 3 顯示蘋果數量（即從一個訊息的位置傳遞到另一個訊息的位置）。迭代和生成（iterating and generating）的基模可以聯合或單獨的在複雜系統中創建所謂的「湧現狀態」（emergence state），將一種預期能力帶入認知機制中，允許處理最初設計之外的資訊（例如利用數字 3 呈現蘋果數量）。迭代和生成解釋了人類思維的引導傾向，這兩類基模一方面發展行爲和思維遞歸的過程，另一方面建立內在動機，是學習的「引擎」（motors）。表 2-2 呈現動態心智的基模設施的七類運算基模相關內容，並加以比較整合。

表 2-2

動態心智的七類運算基模比較

運算類別	基本元素	目標
關聯	認識、命名、複製、代表、分類、同構的變化	建立等値的隱喻
比較	估計、選擇區分、檢查、數値比較	建立交叉隱喻系統與轉喻
代數運算	原始定量運算、集合的運算、算術運算、變數運算	使用離散量進行運算數位的方法
拓樸運算	確定界限、識別限制、識別融合	持續運算類比法
邏輯運算	使用運算符號、運用、數量	建構以語言為中介的後設系統
迭代	模仿、識別模式、重複發展	開發遞迴過程
生成	抓握、猜測、調節生成	發展內在動機

動態心智的基模設施發展內的相互作用，在兩個方面具有週期的性質：一個是由生成類別和迭代類別的基模啟動，隨後也由生成類別和迭代類別兩者的運算而結束，允許引導進入新的階段；另一方面，該過程在複雜性和抽象性的更高層次上可以進行複製。因爲在 DIM 中每一階段都會創造出指定和約束下一階段的條件，隨著發展，認知系統週期性的運作

會將基本運算活化的動態機制加以關聯。迭代和生成在幼兒階段的數學概念和能力的發展，起著重要的作用，在解決生存的基本問題（例如滿足飢餓、滿足睡眠需求）時，幼兒會反覆嘗試手邊的所有認知工具（利用既有基模如吸吮和抓取），選擇有效可緩解需求的行動模式（行動如喝奶和咀嚼）。這種具有迭代的性質，是源自於幼兒們大腦的生成能力，在以目標爲導向的搜尋和實驗中使用各種策略。在此歷程中，「一對一」關聯的基模允許測試各種試驗，然後將這些試驗相互比較，以便選擇更適合條件和目的的試驗。代數群集的運算基模允許在不同程度上／水準上解決問題（數量的計數，例如飢餓須在何種程度上得到滿足或睡眠時間須多少才足夠）。然後，拓撲運算基模有助於推斷出對有助於解決基模的地點／脈絡情境／情況的直覺（在母親懷中滿足飢餓／睡眠狀態），從而縮小搜尋範圍。接下來的試驗將由這些直覺來指導，這種過程最終以邏輯運算（logical operations）的干預達到頂峰，邏輯運算允許將動作及其產生的效果調節結合起來，使得系統內的協調決策更加精確、更連貫。

隨著幼兒年齡增長與和環境的互動，配合社會文化的教化或濡化，帶著相關語言能力與經驗進入正規教育，在校園裡充分應用先備的基模進行探索與擴展。

第四節　等號概念基模

數學等價是兩個相等且可互換的量之間的關係，且是算術和代數中的基本概念。等號（表示等價的符號）應理解爲關係符號，表示符號兩側的數量之間存在平衡關係。從廣義上講，數學等價是一個涉及幾個相關的部分的結構。這些組成部分之一是關係理解，即數字句子中等號兩側的值必須是相同的數量。這種基本理解對於數學發展至關重要，因爲它促進和連接數學概念，而不是將個體概念和程序彼此獨立地分離。

壹、等號概念的基模

等號對理解算術或代數問題而言是一種聰慧的符號概念。學生欠缺這樣的理解，對從算術轉移至代數學習將產生重大的阻礙（Carpenter, Franke, & Levi, 2003）。研究指出，學生常把等號視爲運算工具，解釋成「發現總和」或「將答案放在一起」，凡在算式等號的右邊就必須是答案，不容許其他特例存在。以 Carpenter 等人（2003）的研究爲例，8+4=□+5 括弧裡應塡入什麼數字？許多學生會將答案寫成 12，原因在於運算產生的影響。當運算觀念建立後，要改變其想法則有困難。等號運算的觀念也干擾學生對數學一般化的理解與運用，例如寫出錯誤的算式，無法對樣式的發展進行推理。一些學生雖採取等號關係的方式呈現問題，但因習慣於學校等號運算的教導，無法清楚了解問題的脈絡。有鑒於此，建議：若能給予合適的教學支持，協助證明等號爲關係的符號，在解題上會有更好的表現。

小一學生進行等號概念學習時，所須具備的解題能力應包含：數値分解、合成的基模，以 10 爲主的位値概念，以及經由運算或操弄之後獲得的數字保留概念。一年級的學生必須能「從合成、分解的活動中，理解加減法的意義，使用 +、－、= 做橫式記錄與直式記錄，並解決生活中的問題。」在「具體情境中，認識等號兩邊數量一樣多的意義。」因爲等號概念建立後，學生才能進一步「認識加法的交換律、結合律，並應用於簡化計算。」這樣的安排，無非希望學生能利用加、減問題，從運算的活動與合宜的引導，充分理解與應用關係概念進行解題。因此一年級學生若能正確理解等號關係的概念，對其日後代數推理的學習應較能適應且有良好表現。由於等號具多元的意義，需要藉由不同情境以誘發學生發現「相等」的概念。學生入學前已具有數數、比較的知識，並運用解決算術問題。

依據 Carpenter 等人（2003）的主張，將等號「反身性」、「單邊運算」、「等號雙邊運算」等概念，加以設計成爲教學實驗的情境，配合學生基模導向解題教學歷程中辨識、思慮等階段呈現之表現反應，作爲研究與分析學生等號概念表現的架構，其關係如圖 2-2 所示：

圖 2-2

等號概念基模的類型

基模一：反身性
1. 等號兩邊單一數量（數字）
1.1 0=0
1.2 A=A

基模二：等號雙邊運算
1. 等號兩邊數字（量）同時加法運算
1.1 數字（量）一樣，位置交換，例如 A+B=B+A
1.2 數字（量）皆不同，例如 A+B=C+D
2. 等號兩邊數字（量）同時減法運算，例如 A−B=C−D
3. 等號一邊數字（量）加法運算，另一邊數字（量）減法運算，例如 A+B=C−D，或 C−D=A+B

基模三：等號單邊運算
1. 等號一邊數字（量）加法運算，例如 A=B+C 或 B+C=A
2. 等號一邊數字（量）減法運算，例如 A=B−C 或 B−C=A

貳、等號概念的研究

進入小學後，教導數字之分解、組合、加減可逆運算等方法，這些能力若能堅實的發展且彈性運用，對於解決算式或文字問題將有莫大的助益。然而，這些能力並非背誦練習即能獲得，應有一套實用且符合學生認知需求的教學模式予以支撐。學生對等號所持的觀點，影響其計算的結果，根據 Carpenter 等人（2003）研究發現，學生面對問題時，對等號產出的意義，可分成五種反應：

1. 表示進一步的答案：以 8+4=□ +5 爲例，學生認爲□的值是 12，表示等號左邊數字計算所得答案，等號是執行計算的指令，並未呈現兩邊數字的關係。
2. 表示式子中所有數字的總和：例如 8+4=□ +5，學生認爲□的值是 17，□表示須將等式中所有出現的數字加起來的意思。

3. 表示擴展問題的意義：例如 8+4=□ +5，學生認為□的值是 12，12 還須再計算為 8+4=12+5=17，進一步將原來的問題 8+4 解釋成 12+5=17，將等號視為是進一步計算的結果。
4. 依照經驗認為等號代表等式兩邊數字計算的答案結果是一樣的。
5. 認為等式兩邊的語法錯誤，左邊可以計算，但右邊應該呈現答案而已。

為何會產生這些反應？一些研究認為在於學校教師與課本對等號採取運算的說明，解決「運算—等號—答案」的問題，無須說明等號可當成關係的符號，學生只要能運算數字獲得答案即可。這樣的結果，造成學生認為等號所關聯的意義即是運算，等號是處理運算的指示。

等號概念的結構即包含：

1. 概念性知識：即「相等」的概念。
2. 程序性知識：包含數數、比較、組合、分解等運算能力和技巧。

這兩種知識相互輔助、彼此支撐發展，若能透過促進概念或基模的教學方式結合這兩種知識，可協助學生理解等號概念。除了文本與教學的因素影響學生採取運算意義外，一些學者從學生等號概念的發展，解釋等號關係概念產生困難的原因。學生判斷 2 個集合是否相等，會依賴數數的結果是否一樣而比較，另方面，也採取加在一起計數比較，這種能力間接的形成運算的觀念。

參、等號概念的教學

進入小學後，學生進行比較和加法的能力更加成熟，但仍須透過完成一系列連續的行動（例如分別計數，然後再比較），才能說明「+」與「=」之間的意義。學生等號關係概念的困難是受到早期算術經驗所建構的知識影響。Carpenter 等人也發現，當學生建立等號概念後，許多學生會堅持已建立的等號概念，不會輕易改變。由此可了解，學生初始建立的等號概念對未來學習影響重大，所以在開始接觸等號時，就應該提供豐富的活動與命題，協助建立正確的等號概念。McNeil 等人（2006）認為合宜的等號作業應該：

1. 可釐清等號概念的重點。
2. 讓學生檢驗不同等號狀態所提出的情境要求。
3. 提供學生思考的焦點。

針對釐清等號概念的焦點而言，對錯及開放的數字命題已證明具有特殊的效用，可當成討論相等概念使用（Carpenter et al., 2003）。不同、多樣的情境可以鼓勵學生檢驗其所選擇的狀態。等式中兩邊並列數字的命題形式，可讓學生針對呈現的描述是否正確，表示同意與否，而挑戰等號概念是否有誤。另外，包含 0 的數字命題，也可鼓勵學生接受不同的等號概念，例如 9+5=14+0。為協助合宜運用等號並發展正確的等號概念，Carpenter 等人以等號兩邊數字「相等」的觀念作為設計命題的基礎，探究學生等號概念發展的狀況。學生需要運用包含等號雙邊運算、單邊運算後加、減互逆的算法、關係思考等策略解題，這些方法皆與等號意義的解釋有關，學生若將等號視為是單邊運算所得的結果，那麼就容易將等號右邊的空格填入左邊運算結果的數字，而忽略其他項目之間的關係；若學生持的是兩邊數字「相等」的解釋，那麼會採等號兩邊運算，或關係思考進行探索。

第五節　概念結構化的基模類型

壹、概念結構化的基模

學生會自然地在具有挑戰性的學習環境中尋找結構，並根據他們在任務中發現最突出的結構，對解題過程得出不同的觀點。Singer（2009）根據其觀察，學生會以其早期的動態心智基模框架作為基礎，會隨著發展而逐漸轉變成結構化的基模類型產出，學生會自發直覺的產出四種類型的概念結構，這些結構可以從更廣泛的角度呈現：

一、代數為主的結構（algebraic-based structures）

代數爲主的結構是根據系統的代數性質，將系統各組成的部分進行相互關聯，特徵是在集合之間透過一對一的對應關係，透過將集合的元素分解爲其組成部分來進行運算，這種分解揭示了兩個集合之間的功能轉移（例如 A－B＝C，B＋C＝A）。代數爲主的結構負責識別和分離常數和變數，涉及輸入輸出過程中數量的變化，允許理解／表徵簡單的運算。

二、幾何為主的結構（geonic-based structures）

幾何爲主的結構是一種將系統的部分相互關聯的方法，利用圖形、視覺、圖標突出物件的屬性。例如被要求比較無限集合時，學生直覺地求助於數線，即使任務根本沒有提到可以運用它進行思維解題。數字集合在數線上的表徵及與給定任務相關的幾何屬性的識別，爲數字集合提供了幾何結構。幾何爲主的結構是指對標誌性元素的依賴，透過其在表徵系統中的轉換來描述和理解。這些結構被稱爲「geonic」而不僅僅是「iconic」，因爲它們將物理的屬性抽象化爲一些「理想」表徵，並基於這些表徵，邏輯結構允許深入研究新屬性的推論，允許使用符號基模來澄清和簡化對情況、脈絡情境、動作的描述（例如使用地圖或圖形模型以促進資訊處理）。

三、分形型的結構（fractal-type structures）

直觀上，分形是一種透過擬似自我生成的結構，強調透過不同尺度的重複來順序產生其部分，同時透過應用規則以能自行順序產生。語言結構屬於分形型的結構，語言的研究集中在句法結構的研究，而這種研究幾乎是邏輯數學的。Chomsky 提出了語言的兩個層次的存在：一個潛在的深層結構，它控制著名詞短語和動詞短語等成分之間的基本句法關係；另一個層次，控制著名詞片語和動詞片語等成分之間的基本句法關係，以及由深層結構中的元素變換所產生的一組表面結構，例如整數、有理數、無理數……等數系的關係；或是幾何圖形的分類與包含關係（例如正方形、矩形或是菱形……）；或是測量系統之間的轉換，協助我們理解數字系統的方式：十進制（個位、十位、百位等）及其他的數値。

四、密度型的結構（density-type structures）

在比較無限集合時，經常提到集合的密度，視爲集合元素的堆積程度。因此，當被問及整數或分數哪個數字較多時，學生注意到自然數在數線上「較疏鬆」，而有理數集合在數線上較爲「擁擠」。將堆積、擁擠、連續步驟或密度視爲集合的直觀度量（集合的「擁擠程度」）的想法，賦予一組數字一個密度型的結構。密度型的結構視爲將系統部分進行相互關聯的方法，強調局部的拓樸特性（涉及鄰近、近似、邊界）。一般來說，具有密度型的結構的集合，有利於從局部到全域的外推。基於密度的結構具有雙重性質，一方面，在建構密度型的結構時，拓樸感知被活化，因爲學生會喚起集合元素的密度／阻塞／累積；另一方面，密度型的結構出現在離散脈絡情境中，在這種脈絡情境中，學生訴諸過程遞歸感知。

上述四種結構性基模可依其動、靜態或是部分、整體觀點予以分類成表 2-3 所示。結構越是動態與朝向全局的發展，其建構的過程與基模的連結越是複雜。表 2-3 中呈現了密度型的基模知識具有靜態與局部的結構特徵；代數型則具有靜態和整體的結構性質；分形型的知識則具有局部和動態的結構特徵；幾何型的知識則擁有動態和全局的結構性質。

表 2-3

概念結構化的基模

	局部	全局
靜態	密度型	代數型
動態	分形型	幾何型

貳、聚合結構的基模

一系列「知」的研究揭示了認知發展階段內的各種非同步性。例如兒童早在 6、7 歲進入具體運算階段之前，就開始保存簡單的數字和連續的數量轉換，兒童的發展階段不再是個人跨領域全面和線性發展的，Fischer（2008）提出了一個更複雜的比喻：技能網絡。儘管技能的發展是按照標準的水準順序進行的，但兒童的發展路徑差異很大，而且每個兒童在不同領域的技能水準也有很大差異。爲了解這是如何實現的，Singer 介紹一個三維的參考系統，用於描述透過特定領域學習獲得的聚合結構的基模（Singer, 2009）。考慮的維度爲：

1. 代表「核心」或結構的靜態、局部、固定、穩定元素的離散的部分（discrete component）；這些可能是概念、觀念、程序——結構圍繞其發展的內容元素。
2. 可「視覺化」爲網絡的連續部分（a contiguous component）；更具體地說，涉及動態、局部的概念、觀念、程序之間的關係——它們實際上使一組物件成爲一個結構。
3. 代表網絡之外潛在關聯的動態、全局的部分（a kinematical component representing potential associations beyond the network），這些關聯可能在域內或是跨域解決問題的情況下產生——它描述了結構的移動程度。

此參考系統允許根據結構的移動性對結構進行分類。因此，以下類型的聚合結構可以被區分爲不同的理論實體：僵化的聚合結構（rigid aggregate structure）、靈活的聚合結構（flexible aggregate structures）和動態的聚合結構（dynamic aggregate structures）。其顯示的表徵基模圖像如圖 2-3 所示。

圖 2-3

三種聚合結構的表徵基模圖像

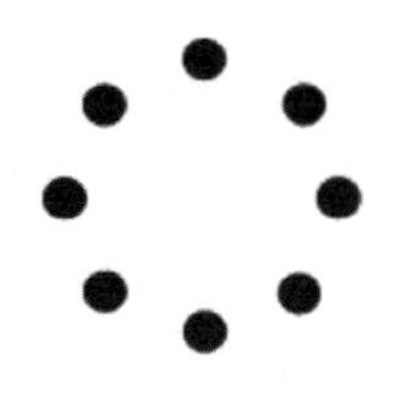
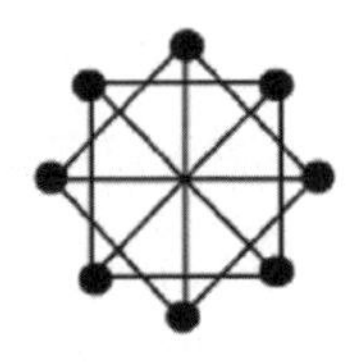
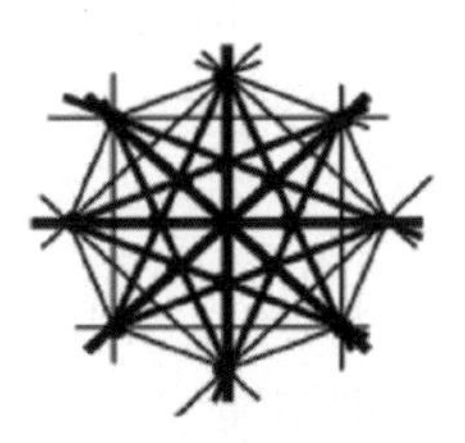

僵化的聚合結構　靈活的聚合結構　動態的聚合結構

一、僵化的聚合結構

僵化結構的演變是學習中的常見現象，僵化的心理結構導致了這種效應，例如認為乘法運算時，其值會越大，除法其值越小。僵化的聚合結構的特徵是：

1. 全局、具有非常穩定、不易改變的靜態核心基模。
2. 發育不良的基模網絡，有時缺乏重要的基模。
3. 可在標準情況的識別及其再現領域發揮作用的基模關聯。

這種現象在學習經典幾何時常出現，例如當正方形處於某個位置時，學生才能辨識出此圖形稱為正方形；任何其他位置都被視為新的學習元素，這需要結構中的新核心基模才能完整地確認。這種僵化的心理配置往往會變成功能固著。

從正面來看，技能的練習或演算法的學習需要一個僵化的結構，除了在確保所獲得知識的穩定性方面發揮積極作用之外，僵化的結構通常也是典型錯誤出現的原因。這種結構的形成是由於教學中的兩種錯誤：

1. 教導孤立的資訊，而沒有強調其與先前學到的資訊的連結時，沒有為創建網絡所需的內化過程提供足夠的時間，就會出現一種錯誤。
2. 過度關注已經教導的訊息，阻礙了網絡的發展。一些行為主義方法發展而來的「練習和實踐」程序，是造成這一結果的原因，當心理結構具有自我組織的再生傾向，常被此限制所影響。雖然僵化的聚合結構是最不恰當的教學，但學習也能從中取得進步。

二、靈活的聚合結構

對可變的學習環境更具適應性的結構，是靈活的結構。如果我們在學習中遇到的事物是新的，我們可能會放棄所有繼續前進的嘗試，或是停下來清理每個新事物，因此不前進。當閱讀感興趣領域的數學知識時，也會發生類似的現象：我們對已知的內容不會再感興趣，但對自己感興趣的內容仍會持續。當脈絡情境相對熟悉時，靈活的結構允許透過類比和歸納或演繹推理來解決問題，這樣的結構會與其他結構產生關係，確保反應的連貫性。當解決基於「短距離」傳遞的問題時，應用演算法、識別特定情況，以及使用類比推理，就會啟動靈活的結構。靈活結構的特徵在於：

1. 具穩定的核心基模。
2. 發達的基模網絡。
3. 以識別各種環境中不變元素的基模關聯作爲基礎。

三、動態的聚合結構

一些學生能夠快速看到或發現乍一看似乎沒有聯繫的事物之間的聯繫，他們可以轉移在特定背景下發展的心理工具，來分析或解決完全不同背景下的問題。一些學生可以識別出許多不同事物的模式，從認知角度來看，這些學生活化並調動了動態心理結構，使他們能夠對情況做出最佳反應。動態結構意味著：

1. 核心基模具有柔性，可依序將這些基模聚合成爲結構。
2. 具有分支和層次的複雜基模網絡。
3. 動態關聯，透過發現關鍵路徑，能快速動員促進基模結構的形成。

這些關聯刺激了結構的自我發展，凸顯了不同結構之間的潛在關係，並在認知系統內的不同結構之間產生連結。動態結構也可以表現爲柔性或僵化，這取決於要解決的任務。靈活的結構大多是適應性的，而動態的結構大多是創造性的。這些聚合結構的模式凸顯了用於強調核心、網絡、連接等概念以外的潛在關聯三個維度之間的差異：在僵化的結構中，核心維度的概念非常發達；而在靈活結構中，核心維度的概念會減少，有利於網絡中其他概念的連結，這個過程在動態結構中持續進行，其中連接成爲最重要的部分概念，能夠吸引新的核心並擴展到現有結構之外。

第六節　基模導向的解題

壹、基模導向解題模式

von Glasersfeld（1995）描述利用基模進行數學解題時必須具備三個部分：

1. 特定情境的辨識。
2. 與情境關聯之明確的活動。
3. 活動產出特定先前經驗的結果的期待。

這三個部分可作爲任務之間差異的理論基礎，並介紹如何呈現省思和抽離的歷程。對於概念化、討論與呈現學習的歷程，最大的挑戰是其循環的本質：某一層次建造的是次一層次的障礙，針對幾項目標發展了以下的表徵：

1. 更詳細的說明與省思抽離相關的理論結構，藉由概念學習循環的本質形成複合體。
2. 檢核結構的邏輯（在幾個模式裡使用已經呈現結果的表徵）。
3. 提供解釋概念參與階段與預期階段之間與發生的轉換歷程差異的基礎。

基模導向的解題教學（schema-based problem-solving instruction, SBI）強調的是問題基模的習得，它是針對教導樣式的辨認與表達而設計。特別的是，問題基模是一組需要相同解題策略，而分享共同強調的結構問題之一般的描述。研究所探討的包含算術文字題、代數等式的解決、幾何，以及物理問題，皆認爲存在著問題基模，且需要藉由解題者採取計畫並進行解題才可運用。簡而言之，基模的習得是解題表現基本的技巧要素。

基模可描述關係的樣式以及連接它們之後可進行運算（Marshall, 1995），因此可促進概念性和歷程性知識的理解。概念性的知識可以透過片段知識之間關係的建構而達成，而歷程性的知識包含將概念性知識組織成一種行動計畫，這兩種類型的知識「常常也幾乎總是內在的連結在一起」。圖 2-4 呈現了基模導向的解題模式，詳述了概念性與歷程性兩者知識的運作。

解題歷程的第一個階段與問題基模中基模知識運用的辨識或辨認有所關聯，第二個階段包含了問題或問題類型重要元素配對及其關係的呈現，第三個階段則是關於對合適的運算，或是數學等式建立所進行的計畫和選擇，最後階段則是執行此計畫（Marshall, 1995）。爲讓教學可創造與擴展學生的重要概念，Marshall（1995）提出「基模導向解題教學理論」，強調教學歷程需要先辨認學科場域的概念和環境顯示的特徵，然後建構辨認這些學科觀念的課程，發展如何執行功能的心智模式；接著，形成運用所創造觀念的方法；最後發展學科所需之技巧和步驟。「基模導向解題教學理論」與其他理論不同之處，在於大多數理論只強調最後執行技巧和步驟的產出，而忽略前階段行動的重要性。

Marshall 的理論特別強調教學時辨認與思慮知識的應用，目標在於培養學生成爲積極的解題者，而非被動或灌輸大量知識的儲存者，因此知識建構是以基礎概念爲核心，強調如何與爲何與不同元素連結。問題結構的辨識對基模導向的解題而言是最基本的，對於解題的基模習得和技巧的轉化而言，情境和結構裡的不同解題經驗是必需的。若只經由「獨立情境知識的建構和應用」的話，轉化並不會發生。針對轉化而透過將重點集中在「新奇與熟悉問題之間連結的認識」的明確教學，是必需的，如此才能協助學生成爲良好的解題者。

圖 2-4

基模導向的解題模式

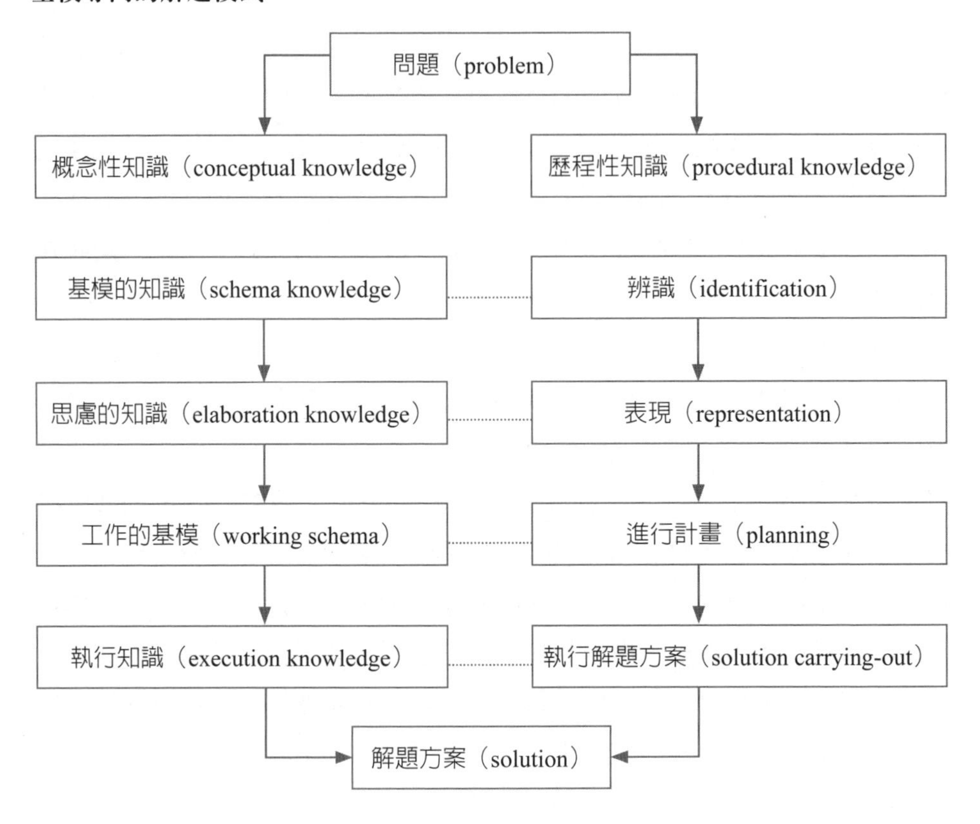

貳、基模導向的解題應用

四項 SBI 的教學策略訓練內涵如圖 2-5 所示。教師透過逐次轉換解題的責任給學生，而明確地塑造和鷹架教學。

一、強調問題的結構

在算術文字題的領域裡，研究已經指出基本的問題情境類型或基模以強調問題的數學結構，幾個研究針對小學生教導辨認問題的基模也報告正向的結果，明確地教導辨認問題的基模，讓學生以結構的特徵而非表面的特徵組織問題，引導出有效的問題表徵和問題解決方法。第一個教學策略指涉對問題強調的結構加以辨識，例如要了解整除和因數的意義並應用解題，那麼學生必須理解等分類型問題中變數之間的關係，並能運用等分、乘法、除法的技巧進行解題。經由明確教學和有關解題基模問題的呈現，協助教師提升對這些問題所關聯的變數數量，以及如何找出因數須暗示的行動之明瞭，對問題文本加以分析，建構問題中變數之間的關係。例如 21 的因數有哪些？此問題，教師可以提示學生透過等分或分配的方式，逐漸解析此問題牽涉到的解題線索，例如整除或可除性。

圖 2-5
基模導向教學策略專業訓練內涵

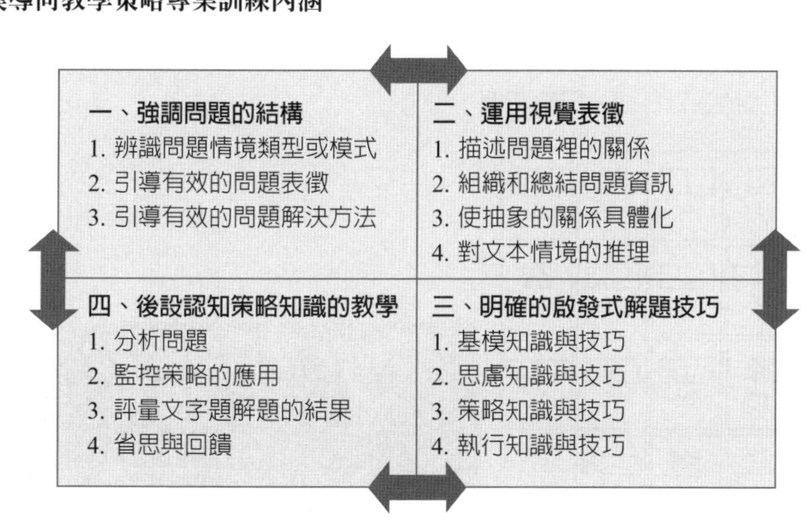

二、運用視覺表徵

視覺表徵（基模化的圖表）是顯現「描述問題裡的關係」，對於理解文字題扮演重要的角色且是最有力的工具，勝過於圖像或影像表徵只將重點置於問題所描述的物理表面元素上，另外可簡化認知記憶的要求。視覺表徵可以提供不同的目的，像是：(1) 組織和總結問題資訊；(2) 使抽象的關係具體化；(3) 對文本情境的推理。基模的運用與數學解題的成功具有正向的關聯，當基模用來當成協助感知文字題，它們可引導深化理解問題，並轉化學習新的問題成爲可能，許多 SBI 的研究指出基模是一種整體的元素組合。第二項策略指的是運用基模的圖像表徵呈現問題，教師辨識重要的問題特徵後，要將它們配對成基模的圖像，透過學生熟悉的生活實物或圖像全部呈現。例如尋找兩數的公因數？開始時可讓學生藉由圖卡相同的顏色，明瞭整除和此二數之間的關係（是爲此二數的共同因數），協助學生有效地組織相關資訊，當學生明瞭並能掌握問題變數之間的關係時，一些圖像表徵的鷹架協助自然在課程就會逐漸縮減，學生會朝向自主的學習（如圖 2-6 所示）。

圖 2-6

運用視覺表徵進行尋找公因數範例

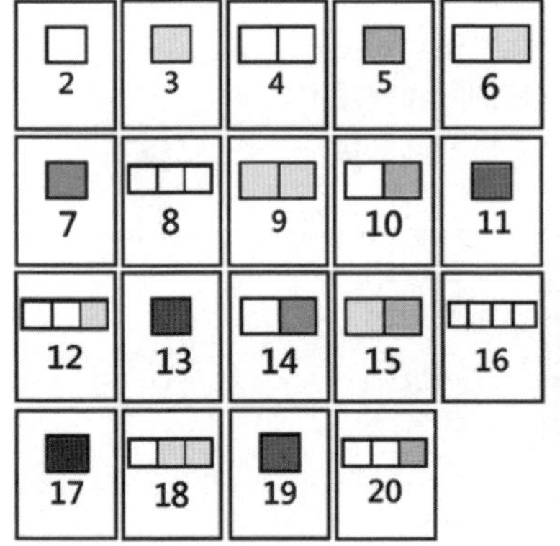

三、明確的啟發式解題技巧

雖然一般的啟發方式像是 Pólya 的四階段基模（了解問題、進行計畫、執行計畫、回顧與省思）已普遍用在數學教學，但加以審視後發現並未引導改善解題的結果。在另一方面，特殊領域步驟的描述，只限制在學生無法進行問題解題技巧的轉化。總之，近來對於教導啟發式的解題研究指出正面的效果，可連結至班級的教學或整合至數學的課程上。SBI 運用重要的數學內容統整啟發式的訓練，SBI 的啟發方式包括四個分開但是內部相關的解題步驟，這四個步驟（問題基模的辨認、表徵、計畫和解題）連結符應概念性的知識（基模知識、思慮知識、策略知識和執行知識）。幾個研究也顯示 SBI 啟發方式的訓練和傳統運用 Pólya 的四階段解題步驟相較，可連結到特別的問題類型，針對改善學生的學習和轉化解題是有效的。教師可以鼓勵學生使用四步驟的解題歷程 FOPS（F – 發現問題類型，O – 運用圖像組織問題的資訊，P – 計畫解題，S – 解題），並且在運用這些步驟解題時能夠進行放聲思考，SBI 的教師要讓學生能：

1. 透過閱讀發現數學問題的類型與重述問題以理解之，並問自己是何種問題？（例如是除法或乘法的問題）。
2. 運用圖像組織問題中的資訊（例如列出算式）。
3. 計畫解題（例如以 10 作爲的估商或做倍數的遞增）。
4. 解題並檢核答案。

此策略的目標在於透過教師以廣泛的基模和鷹架協助作爲基礎，以提升學生數學解題的能力（Alghamdi et al., 2020）。

四、後設認知策略知識的教學

此項 SBI 的策略指涉的是後設認知策略知識的提升，教師可以透過學生對其解題步驟的監控和省思之放聲思考而熟練此技巧，並可以配合遊戲活動使用四個解題的步驟當成一個定錨。教師需要藉由較深層的問題讓學生思考：

1. 問題是否理解？
2. 問題如何表徵？
3. 如何解題？
4. 答案合理嗎？

此策略的目標在於透過教師的協助促進學生對解題歷程的思考。以因倍數牌卡遊戲爲例，首先呈現遊戲的規則，透過學生解釋規則如何進行，理解其是否明白遊戲的文本；再者請學生利用因倍數牌卡實際操作一次，例如 A 學生出 10 的牌卡，B 學生可以出 10、5、2、1 等數其中的一張牌卡，表示是 10 的因數，若出現其他點數的牌卡則表示錯誤。從學生呈現對遊戲的反應，可了解學生對因倍數概念的理解，其間可透過同儕的互動而相互監控解題表現。

第三章

學習軌道：活動設計與實踐

近年來，一些組織或數學教育學者，對於學生有效學習的模式所需要的元素提出了建議，例如美國數學教師學會（NCTM, 2010）或教育部（2018）主張，教師提供的專業服務必須以「學生的學習」此觀念作爲基礎，和實務做連結，釐清學習的觀點，將教學的議題置於學生學習的表現上。另外，Corcoran、Mosher 和 Rogat（2009）等人也認爲現今教育改革的目標所主張的「不放棄任何一位學生」或「帶起每一位學生」的口號，是無法實現的，除非教師在課堂裡運用形成性評量，理解學生的數學知識是如何隨著時間發展，並從形成性評量獲得的證據對學生加以反應。Corcoran 等人（2009）指出實現教學目標或進行必要的教學，新的模式必須能夠讓教師持續蒐集學生在學習歷程進展與發現困難的能力，這樣才能對評量獲得的資訊做出合適的教學決策。Corcoran 等人的建議提供了一項非常重要的目標，亦即要協助教師從運用自身的思考作爲基礎，轉移至理解學生的數學思考，再轉移至運用形成性評量蒐集的資料去感覺學生的思考。

另外，教師獲得學生錯誤或不成熟的知識與這些知識如何發展的能力，對教學而言，也扮演重要的角色，因爲錯誤或不成熟的知識與正確知識一樣，都可成爲建構新知識的基礎。雖然，學生的理解有時不能符合正確數學知識的要求，並抗拒改變，但是運用學生在教學歷程中既有的概念，協助其深入連結並對自己的思考加以省思是非常重要的。教師需要對學生帶入教室有關的錯誤或不成熟的知識加以理解，並思考這些知識如何影響教學，如此，才能協助學生積極的將其錯誤或不成熟的數學知識與正確的數學概念連結，教師也需要理解學生的錯誤或不成熟的知識源自何處，如何運用教學理論解釋說明協助其發展。過去 20 年，對學習的研究重點，在於理解學生如何思考與隨著時間轉化思考如何演變，一些學者發現學習軌道（learning trajectories, LTs）的模式具有充分的一致性和堅實的力量。LTs 提供許多學生如何思考的知識，然而對於探索如何整合應用至教學實務才剛開始，LTs 對於課程、教學、評量和能力指標的發展非常有用（Corcoran et al., 2009），但組合應用至教師實務變成理解學生數學思考的工具仍有待探討。

第一節 學習軌道的定義與內涵

壹、學習軌道的定義

學習軌道源自於「眞實數學教育」（reality mathematics education, RME）所使用的一種預想性的課程實驗設計，將學生從學習的起點朝向學習目標的進展，視爲是學習過程必須處理的路徑，教師針對學生在數學概念學習的可能路徑及其先備知識進行推測，並依照此路徑應用在課前設計教學活動，用以支持和組織學生身心發展及學習概念，稱之爲「學習軌道」（Simon, 1995）。學習軌道是一種假設性的概念，描述學習必須處理的學習路徑，是配合課程設計的實施方式，提供教師、學生、家長及教育工作者評估學習進展、確認及報告學習成果的一個共同參照的架構，從個別開始的起點朝向企圖要達成的學習目標的進展，用在數學重要的理念或特殊的意義目標，推測學生可能的學習路徑，以此路徑編排教學活動，組織學生的概念知識，並透過啟發式教學的步驟進行。

教室的環境需要以學生爲中心的方式呈現，透過學生的思考作爲引導教學的要點，教師才能確實掌握學生的知覺，理解學生從非正式到正式發展的路徑，並依據這個歷程設計教學活動，同時，依照學生的思考進行組織教學，增加成就表現，以及提升教師的專業學習。教學前，若能透過教師對專業科目的理解，連結教師對教學與學習假設的思考，注意學生的先備知識，這將對引導學生概念學習有著重要的理解。在數學教育的研究中，顯示出教師對學生數學學習的思考，將會改變教師對學生的數學信念及教學實務的相關知識。

Simon 和 Tzur（2004）提出學習軌道理論，並廣泛應用在研究和實際的教學中，同時認爲學習的歷程是重要的因素，故提出學習軌道使用四項原則的定義：

1. 學習軌道的產生是以對學生現有知識的理解爲基礎。
2. 針對特定的數學概念規劃學習的一種方法。
3. 爲促進特定數學概念的學習所訂定的教學任務與過程是一個關鍵部分。
4. 學習軌道具不確定性，教師須定期參與教學及修改。

貳、學習軌道的內涵

Gravemeijer（2004）認爲學習軌道包含三個重要的部分：首先，實驗前的準備須建立在學生現有的數學知識上；其次，思考如何在數學的教學活動中，制定一個學生可理解及參與的任務；最後，教師進行資料回溯分析，並修訂且定案 LTs。從建構主義的角度下進行學習，研究者須先假定學習軌道的組成及構想任務設計，以建構學習軌道之歷程，如圖 3-1 所示。

圖 3-1
執行學習軌道之歷程

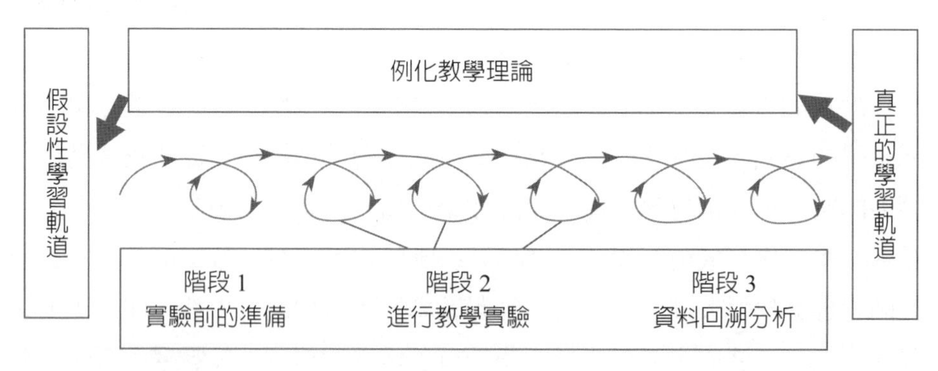

一、實驗前的準備

教師藉由經驗想像學生的能力，設計學生可理解之學習活動，建構預期性的教學實驗。這些實驗反映教師對所建構的 LTs 的臆測，如何進行嘗試、意圖和改善設計的活動。像是當學生學習幾何形體的概念時，教師須對學生學習此概念設定明確的教學目標，例如學生要能理解形體是具三維空間特質的物件，那麼須進一步設想學生學習所需擁有的相關數學概念和能力，例如距離點線面之間關聯的知識，針對這些數學知識選擇合適之教材與方法設計教學活動，包含符應學生認知發展的內涵與學習規範的建議，並臆測推演學生學習這些活動的順序，進而形成 LTs，即數學的目標、作業活動、發展的進程（developmental progressions）。

二、進行教學實驗

教師檢驗和修正之前設計的一系列教學活動，臆測和檢驗學生的心智表現與支持這些表現所採取之特殊策略兩者的關係。當臆測產生支持或被反駁，另一新的臆測就會順勢發展並被檢驗，不斷產生小型循環歷程，直至最終結果的發生。教學實驗包含檢驗預期的目標、教學活動的執行、教室裡進行事物的觀察和分析，與評量的臆測。

三、資料回溯分析

每種 LTs 的目標有所不同，回溯分析的內容也不同，某一些主題建構的 LTs 只是某個數學概念部分的目標，因此回溯分析在於重構改善 LTs，以教學實驗的循環作爲基礎，雖各有不同的重點，但彼此之間的連結可在實驗期間提供蒐集資料的比對和驗證。資料回溯分析於教學準備階段即開始，持續進行至 LTs 建構完成爲止。因此，蒐集教室裡進行哪些教學活動，以及臆測和修正活動的理由，這些資料是最基本需要的。回溯分析能將在 LTs 蒐集的資料提供創造與系統分析的機會，也能回饋新議題產生的資料，其功能可透過不同層次知識的往返分析而論證因果的關係，需要強調的是這並非重複性的實驗設計，而是要探究在實驗期間或外在發展所獲得的啟示。

學習軌道包含數學教學的目標、學生學習及發展的進程，與符合這些不同進展層次的活動。數學教學目標和發展之間的關係爲「包含建構在數學目標跨越幾個性質，而逐漸趨向聰慧、複雜、抽象和歸納之不同結構層次的歷程」，設計和排序重要的作業，是用來支持學生在發展進程裡的某一概念層次或目標的理解，可區分特殊的心智結構和推理的樣式，用以說明學生在每一個進展層次上的思考。

參、學習軌道的功用

利用 LTs 可提供數學概念學習的參考架構，對教材進一步分析，尋找適合學生的學習路徑，了解學生課堂學習狀況，亦重視師生解決問題的互動及回饋，提升學生的數學概念。而 LTs 的回溯更提供教師在面對學生數學思考與問題解決表現的進一步理解與省思，針對不同程度的學生實施輔導，擴充學生的學習經驗。Confrey、Maloney、Nguyen、Wilson 及 Mojica（2008）認爲學習軌道是連續的表徵之精煉、省思及釐清的呈現，進而運用臆測及實證的支持，以建構學生在面對教學時的順序網絡。此定義是相信個體的理解以其經驗的某種排序和組織作爲學習的基礎，透過教師的支持可以從較不聰慧的理解轉移至較聰慧的理解，而經由這些經驗進行意義塑造，建構出學生的學習歷程。因此，學習軌道包括調整標準建構課程的順序、形成性評量及教師的引導，同時，尊重及運用學生的經驗作爲教學的來源，參考數學邏輯與數學概念的認知發展，形成軌道設計之依據。

個人的 LTs 知識，同時受到數學教學知識（mathematical knowledge for teaching, MKT）中的學科知識（subject matter knowledge, SMK）及教學內容知識（pedagogical content knowledge, PCK）的影響，LTs 須連結學生的思考方式，從 SMK 及 PCK 之間的關係，進行重新詮釋；其次，教師可透過 MKT 裡的 PCK，解釋學生內容知識的思考歷程。LTs 支持教師對學生可能思考及面對特定數學任務時的反應進行預測，傾聽與詮釋學生思考模式，協助學生理解數學概念及釐清其迷思之處，學生從不會到學會思考的歷程中，迷思概念也會在此被發現。教師可從教學經驗和省思教學的實務中，發展學生知識及內容，當進行教學與檢驗 LTs 時，學習軌道將會因應教學內容及學生的學習表現而重新組織編排，結合學生的邏輯發展和學科教學順序，以設計最適合的課程，讓學生在豐富的內容情境進行討論學習，達成任務目標以提升個體學習表現。以下，提供學習軌道理論在數學教育上的研究與應用，讀者可透過其設計與實驗成效，掌握其精髓與要點，配合課室需求，自行運用於重要的數學概念教學。

第二節　學習軌道的應用

壹、立體形體概念之學習軌道

一、理論基礎

Battista（2007）指出 van Hiele 的理論在描述學生幾何推理的發展是正確的，然而 van Hiele 描述的層次是不夠詳細的，因此，Battista 提出以下較詳細的層次說明，以完善學生學習幾何概念的發展，包含：

層次 1：整體視覺的推理（Visual-Holistic Reasoning）

學生根據物體的外觀作為視覺整體的形體，他們使用模糊的整體判斷證明他們的形體識別，例如說某個圖形為長方形是因為它看起來像門。

層次 2：元素分析的推理（Analytic-Componential Reasoning）

學生透過描述物體中部分和部分之間的空間關係明確地獲得、概念化和指定形體，對形體的描述和概念化在精緻程度上差異很大，常使用日常生活的非正式語言，不精確地描述形體的部分和屬性，當獲得數學課程教導的正式幾何概念後，開始使用形體非正式和正式組合的描述，最後明確地使用正式的幾何概念和語言來描述和概念化形體，以一組足夠的屬性來滿足指定的形體。

層次 3：以特徵為基礎的關係推理（Relational-Inferential Property-Based Reason）

學生明確地將形體的幾何特徵進行內部關聯，例如會說如果某形體具有 X 的特徵，也可能有特徵 Y。學生開始實證的推論，注意何時看見特徵 X 發生、特徵 Y 隨之發生；其次，推論某特徵建構一個形體時，另一特徵也會發生，例如學生推論如果四邊形具有四個直角，則其對邊是相等的，因為當透過一系列的順序繪製矩形時，不能使對邊不相等。在層次 3 最後的階段，學生使用邏輯推論將形體的分類重組為邏輯的階層，明白將正方形分類為矩形的必要理由。經由層次 3，學生逐漸能夠針對形體的分類理解和評鑑最小的定義，也就是僅列出足夠的屬性以指定形體類型的定義，而不是類型具有的所有屬性。

層次 4：正式的演繹證明（Formal Deductive Proof）

學生理解且能建構正式的幾何證明，也就是在公理的系統裡，可產出邏輯論證說明的順序。

Battista（2007）認為傳統的教學順序常是固定的，很少能彈性地配合個別學生學習的需求，雖然此種方式可適合頂端優秀的 20% 學生，但不適合以下 80% 的學生，且這些頂端 20% 的學生對傳統的課程結構並未達到最大的效益。針對許多數學的議題，Battista 發現學生數學概念和推理的發展，可透過「精緻的層次」（levels of sophistication）加以描述。「學習軌道」提供顯示學生對幾何形體在這樣的層次上，思考和學習發展的架構，此架構描述學生在學習軌道發生的「認知平台」（cognitive terrain），包括學生透過從直觀的思想和推理，轉變為對數學概念更正式、精緻程度的理解，面對學習產生的認知困難與強調概念發展和推理的基本心智歷程。圖 3-2 描繪學生對幾何形體的理解必須登上的認知平台，此平台從學生對幾何形體教學前的推理開始，結束於對幾何形體正式和深層的理解，並指出學生在途中達成的認知平台。要注意的是學生可能會以稍微不同的軌跡，透過這個認知平台上升，可能會在不同的地方結束他們的軌跡，這取決於他們所經歷的課程和教學。

圖 3-2

學生獲得幾何形體的認知平台

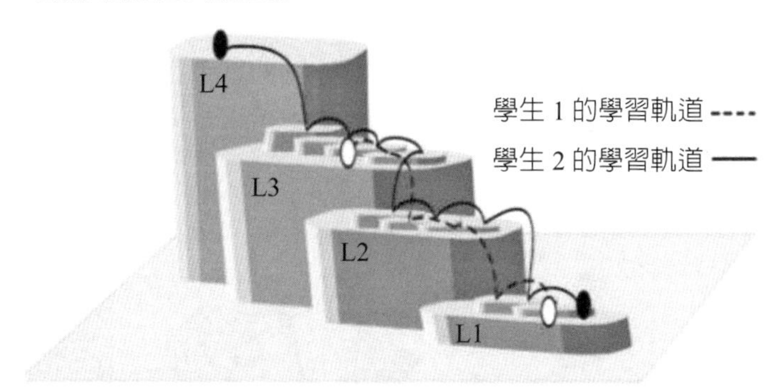

二、立體形體概念之學習軌道分析

根據「美國數學共同核心標準」（The Common Core State Standards for Mathematics, NCTM, 2010）的研究，學生幾何概念（含立體形體）之學習軌道包含以下循序漸進的內容：

1. 識別並描述不同類型的直線（直線、曲線），識別並命名基本形狀（封閉、開放）。
2. 使用形狀名稱描述環境中的物體，並使用諸如上面、下面、旁邊、前面、後面和在旁的術語描述這些物體的相對位置。
3. 正確地命名形狀，而不管其方向或整體大小。
4. 將形狀識別爲二維（位於平面中、平坦）或三維（實心）。
5. 使用非正式語言來分析和比較二維和三維形狀，以不同的大小和方向，使用非正式語言來描述它們的相似性、差異、部分（例如邊和頂點或「角」的數量）和其他屬性（例如等長）。

學生在進入學校前就有操作立體形體的經驗，因此很自然的就可透過辨識其生活環境中的物體開始探索立體形體，學生可利用：積木、方塊

（矩形或柱體）、球（球體）、罐子（圓柱體）、金字塔和錐體描述與命名基本的立體形體。學生完整描述立體形體是以視覺模型作為基礎，例如學生常被要求在以下的四種情境（圖 3-3）辨識盒子（長方體）。

圖 3-3
辨識盒子的情境

學生能夠熟練地識別立體形體時，教師可以逐漸引入其正式名稱，接著透過使用詞彙上方、下方、旁邊、前面、後面和在旁邊等來描述物體的相對位置。例如學生描述他們的立體形體如何排列在地板上：立方體在圓錐體後面，圓錐體在球體前面或球體在圓柱體下面（圖 3-4）。

圖 3-4
物體的相對位置

描述物體的相對位置成為發展空間定位、繪製和閱讀地圖的基礎，學生區分二維和三維形狀，一個常見的誤解是將二維形狀視為「瘦」的三維

形狀，這種誤解來自學生在日常生活中操縱的物體的材料屬性。區分 2D 的形狀爲 3D 形狀的面 / 表面是很重要的，例如學生可以識別立方體上的表面爲正方形，或圓柱體的頂部和底部（基部）爲圓形（圖 3-5）。

圖 3-5
形體的辨識

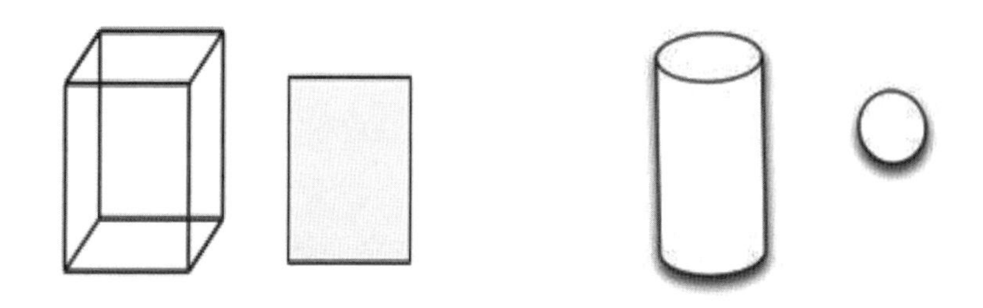

學生需要先在教室環境中使用 3D 形體，然後才能在紙上呈現這些形狀。學生以多種方式對物體進行排序，並建立方法來比較物體以找出相似和差異之處。例如學生發現一些 3D 物體可能與 2D 物體相關，例如立方體和正方形，他們知道可以透過邊的數量（三角形、正方形）來排列物體的集合，從而導出新的形狀，例如五邊形和六邊形，除了計數圖形的邊數之外，他們學會計算角並將其視爲與某些形狀相關聯。此時，他們不知道哪些屬性是必需的，哪一些只會在某些情況下才能找到（六邊形可以具有相等或不等邊）。他們的語言可能是非正式的，例如將角度或角落描述成爲斜的或是尖的。特質的識別包括相互關係的討論，例如注意三角形有三邊和三角。

在日常生活中，學生常看到不同的幾何形體，藉由對周圍的探索來覺察它們與空間的關係，幾何概念的形成是從物體的形狀抽象化而來。Battista（2007）提出，幾何概念建構學生對外在環境的理解，可作爲學習藝術、建築、物理和其他學科的基礎，幾何學習的其中一個要素爲心像能力，學生在學習幾何的過程中，需要在腦海中建立和操作心像，這種心智能力會影響幾何的思維模式。低年級學生初學立體幾何形體，形成空間表徵是經由操作的歷程所建立經驗和內化逐步組織得來的。幾何概念在國小數學教材內容占了重要的一部分，在十二年國教中，提到低與中年級的學生正處於各種概念的基礎時期，應該由操作中去察覺、形成概念，甚至簡單連結各概念的各種操作活動。因此，立體形體的概念建立絕不是來自於瀏覽書本，而是來自於教師規劃連續性的教學活動，利用不同的教具引導學生體驗課程，累積具體經驗後建構完整的立體形體概念。

貳、概念詞彙連結學習軌道

一、理論基礎

在學習幾何的相關研究上，越來越關注幾何詞彙的學習。許多研究著重在幾何推理中使用手勢和圖表的描繪，尤其是在師生如何引發思考和交流的多模式上。Clements 和 Sarama（2009）建議，學習幾何詞彙的概念應透過探索和發展而自然地經驗，讓學生根據形狀的屬性描述形狀，分析屬性的作用，進行邏輯論證以證明幾何關係的結論。幾何詞彙學習不僅是名稱認識，也要留意其背後的特徵關係和概念，以及如何建構幾何詞彙的過程。

在幾何單元的教學中，依據作者教學的經驗，常發現課堂中的活動與學生實際練習的表現有所落差，在課堂中學生能正確回答形體各部分的名稱，但課後練習時卻無法回答，甚至誤解題意。學生無法將形狀名稱與其包含的概念連結起來，原因之一是缺乏鷹架的策略協助其鞏固概念，加深學習印象。學生的表現，大多僅知道表層的概念，即名稱和表面所見的形象，無法將各相關概念和圖形特徵做連結，不了解使用幾何的數學詞彙，不能實際與他人分享想法，學習到的概念似乎不夠完整。

數學詞彙概念的理解著實重要，許多研究者聲稱整合詞彙和數學學習的必要性。儘管存在一些整合詞彙和數學的教學方法，但對於獲得特定數學主題概念理解的見解非常有限（Moschkovich, 2015）。針對於選定的數學主題，一些學者現已開發出完善的學習軌道（Prediger & Zindel,

2017），例如詞彙的學習可經由個人日常生活接觸的用語，經過教育學到學術用語，再結合相關領域的知識構成技術詞彙，最後可在自學經驗下擴展詞彙的應用。有鑒於此，筆者提出學習軌道的設計研究，在課堂上配合詞彙學習的活動安排，掌握四邊形的幾何概念重點，透過教學，探討學生四邊形概念的表現，了解其概念與數學詞彙表現，作爲未來改善幾何教學的依據。

二、四邊形概念連結詞彙之學習軌道分析

學習軌道成爲有效教學強力的工具，具有以下幾項理由：

1. LTs 是以學生的思考作爲基礎，是一種對學習如何隨著時間發展的理論。
2. LTs 觀點中的一項重要元素認爲教學會影響學生的學習，所以必須考量學生錯誤或不成熟的知識如何變成建構新的數學概念的基礎。
3. LTs 認爲教學決策須以學生學習的形成性評量所得的證據作爲基礎。

雖然許多研究者對 LTs 的結構加以定義，並且強調這些結構對教師如何產出效用，但很少探索 LTs 是否能適用於動態的教學實務，在現場上尚未有證據顯示 LTs 如何協助教師變成有效教學的教師，並學習創造爲弱勢族群或低成就學生補救教學的環境，提升這些學生的數學學業表現。

鷹架作用（scaffolding）指的是評估學生實際學習狀況後，給予具有促進發展作用的措施。適當的鷹架可以促進重點詞彙的學習（詞彙、語義、語法、語用和話語，lexical, semantical, grammatical, pragmatical, and discursive），詳細闡述並傳播帶有文字列表或詞彙海報的教學方法，稱之爲詞彙學習的鷹架，旨在擴展學生的詞彙（即積極使用或理解的詞彙）。數學概念的學習軌道是從想像的脈絡情境問題開始建構的鷹架，允許學生重新發明數學概念，從歷程中構築自己的意義，用作後來抽象數學概念的模型。爲了支持概念的理解，Prediger 等人（2019）認爲可在數學概念理解的歷程安排概念的詞彙學習軌道的鷹架，詞彙軌道包括四個層次：

1. 學生日常中的個人詞彙（包括手勢和面部表情）。
2. 學術中與基本詞彙相關的意義。
3. 技術中的正式詞彙。
4. 再次擴展的學術詞彙（表 3-1）（Prediger et al., 2019）。

詞彙的學習軌道爲了擴展學術的閱讀詞彙（例如平行、垂直），設計研究可以參考資料庫的詞彙分析，確定圍繞四邊形的詞彙形式，因此筆者調查教科書相關幾何術語，確定在此類的文本中表達四邊形關係最常見的文字和片語。研究發現，小學課程中幾何單元所專注的詞彙學習，通常與命名形狀的詞彙有關，但學習幾何時卻關注於計算上面，很少留意出現的詞彙。

表 3-1
學術詞彙發展的層次

詞彙類型	描述
1. 日常的	學生的個人資源（包括手勢與表情）
2. 學術的	相關意義的基本語言
3. 技術的	正式詞彙
4. 擴展的	學術詞彙的擴展

參、樣式一般化結構推理學習軌道

一、理論背景

教育部的《十二年國民基本教育數學課程綱要》中提及，數學是一種實用的規律科學，因此在教學上應該培養學生好奇心及觀察規律、演算、抽象、推論、溝通和數學表述等各項能力，能行動與反思，以能有效處理及解決生活、生命問題（教育部，2018）。美國數學共同核心標準（CCSSM, 2010）要求學生在學習數學時尋找規律並利用結構，視爲是數學教育一項重要的目標。尋找並利用規律和結構這種實踐常在數學學習歷程中看見其效力，例如在國中小的算術中，學生透過運算順序將結構隱性地強加於表達式，並透過結合、交換和分配律（associative, commutative, and distributive properties）等律則來描述表達式的等價性；在代數中，學生透過一般化並擴展他們的算術理解，以在求解方程式和理解函數的背景下應用上述屬性，這些解題工作大都集中在結構推理（structural reasoning），將其視爲識別表達式的等價形式的能力及爲給定任務選擇適當形式的能力。多項研究顯示學生的數學結構意識薄弱（Hoch & Dreyfus, 2006; Kieran, 2018），這凸顯了教師幫助學生培養結構感的必要性，所以要培養學生具備此項能力，那麼數學教師就須發展結構推理的能力，爲學生提供準備和支持。

一般化被廣泛認爲是數學活動的關鍵組成部分，一般化不僅是建構新知識的手段，如果沒有一般化，數學思維就不可能出現。Ellis 等人（2021, 2024）提出了課堂一般化的支持架構（classroom supports for generalizing, CSG），影響一般化進展的因素包含研究任務、教師動作、學生互動和表徵等多個元素如何相互作用。CSG 的歷程也分爲三大類：(1) 互動（interactions for generalizing）；(2) 結構（structures for generalizing）；以及 (3) 路徑（routines for generalizing），這與 CCSSM 的宣稱有異曲同工之處。互動是指交互作用時產生的動作，即可以在課堂對話中引入的人員、任務或陳述的說明、問題、答案或想法。結構是教師採用旨在實現一般化的方式建構學生活動的措施（包括任務發展）。路徑是特定類型的互動歷程，即在課堂上展開的模式化和重複的方式，例如自由遊戲、協作、提問、重新審視問題和呼籲論證的精心結合，可以引導學生觀察結構，並且創造結構。

二、樣式一般化結構推理學習軌道分析

一般化是數學學習的核心組成部分，是數學思想的起源，其重要性反映在世界各地的國家標準文件中（教育部，2018）。對於一般化的研究主要有三個類別：

1. 針對某一特定環境或專注於某一特定領域的學生的研究。
2. 研究不同年級學生的策略，並專注於一種特定的一般化（例如模式一般化）。
3. 依賴理論分析的研究。許多課程材料包括一般化的活動，其目標在於促進數學推理的研究與實踐，強調一般化是數學推理的基本實踐，是從考慮個體案例到考慮跨案例的模式、關係和結構的轉變。

一般化的許多定義將其視爲一種個體的認知結構，學生將屬性擴展到更廣泛對象的集合。一般化也可以被定義爲分布在特定社會數學背景下多個主體的集體行爲。從這個角度來看，可以關注學生的互動結構如何與其他因素（例如教師動作、任務參與、工具使用和課堂規範）結合。一般化被視爲一種社會現象，意義是在持續的互動過程中協商的，可借鏡符號互動主義的傳統來考慮學生與任務、工具、彼此及教師的互動如何共同促進一般化的發展。從這個角度來看，一般化的涵義是透過社交互動來協商的。因此，一般化可定義爲一種活動，在該活動中，特定社會數學背景下的學生至少參與以下行動之一：

1. 識別案例之間的共通性。
2. 將推理擴展到其起源範圍之外。

對於何種一般化的教學策略能促進結構推理？教師支持一般化的措施包括讓學生考慮數字大小、展示任務之間的差異、引導學生反思他們的數學運算，提供對表徵的接觸，強調跨脈絡情境的相似性，以及按漸進順序對任務進行排序。儘管這些建議確定了具體的教學動作，但很少有研究明確考慮教師對促進學生一般化能力方面所發揮的作用，這些發現在多大程度上可轉化爲教師在教學環境應用，目前尚不清楚。針對這些限制，一些研究考慮教師如何在全班環境中培養一般化能力。

幫助學生的一般化和課堂對一般化的支持，Ellis 等人（2021）的連結、形成、擴展（RFE）框架，區分了多種形式和類型的一般化進展（表 3-2）。連結是指連接回先前的想法或情況，形成是創建一般規則或識別相同性，而擴展是在新任務或脈絡情境中使用一般化。RFE 框架區分了三種形式及每種形式中的多個子類型，將學生表達爲相似性、模式或規則的關係視爲一般化，無論其數學正確性如何。

表 3-2

Ellis 的連結、形成、擴展（RFE）框架

連結	R.1 連結情境（Relating Situations）：在脈絡、問題或情境之間形成相似的關係。	R.1.1 連結起來（connecting back）：將當前和以前的問題或情況形成聯繫。 R.1.2 類比發明（analogy invention）：創造一種與當前情況相似的新情況或問題。 R.1.3 遞歸嵌入（recursive embedding）：將先前的情況嵌入到新的情況中，作為新任務的關鍵組成部分。
	R.2 連結想法或策略（轉移）（Relating Ideas or Strategies (Transfer)）：學生在目前的操作中顯示出先前背景或任務的影響。	
形成	F.1 連結物件（Associating Objects）：在兩個或多個現有的數學物件之間形成相似的關係。	F.1.1 操作（operative）：透過隔離相似的屬性或結構來連結物件。 F.1.2 比喻（figurative）：透過分離形式上的相似性來連結對象。 F.1.3 以活動為主（activity-based）：在識別活動產品相似的基礎上，將物件或想法連結起來。
	F.2 搜尋相似性或規律性（Searching for Similarity or Regularity）：搜尋案例、數字或圖形之間的穩定模式、規律性或相似性元素	
	F.3 隔離一致性（Isolating Constancy）：專注並隔離不同特徵中的恆定特徵，尚未達到完全識別這些情況之間的規律性、模式或關係的最後階段。	
	F.4 建立一種操作方式（Establishing a Way of Operating）：建立一種有可能被重複的新操作方式	
	F.5 辨識規律（Identifying a Regularity）：辨識案例、數字或圖形之間的規律或模式。	F.5.1 提取（extracted）：提取多個案例的規律性。 F.5.2 預期（anticipated）：描述學生預期在未來案例中將維持的穩定特徵

擴展	E.1 繼續（Continuing）：將現有的模式或規律繼續運用到新的案例、實例、情況或場景中，超出現有一般化的範圍。	
	E.2 操作（Operating:）：根據已識別的模式、規律或關係進行操作，將其擴展到超出一般化發展範圍的新案例、實例、情況或場景。	E2.1 小型調適（minor accommodation）：對常規進行較小的更改以將其擴展到新案例。
		E.2.2 主要調適（major accommodation）：對規律性的結構進行重大改變，以將其投射到遠處的情況或理解新的關係。
	E.3 變換（Transforming）：透過改變要擴展的一般化來擴展一般化；與原先操作相反，一般化在轉化行為中會改變。	
	E.4 刪除細節（Removing Particulars）：透過刪除特定細節來擴展特定的關係、模式或規律性，以更普遍地表達關係。	

表 3-2 顯示連結有兩種主要類型：連結情境和連結想法或策略。學生利用口語將所感知的當前情境和不同情境之間的物件建立連結時，視爲連結情境，在不同的情境學生可能產生三種行動：

1. 是他們以前遇到過的情況（利用 R.1.1 連接回來）。
2. 產生一種新的情況，該情況需要與當前情況類似的特徵，即 R.1.2 類比發明。
3. 將數值理解爲一種遞歸關係，並將新任務解釋爲具有相同遞歸結構的關係，稱爲遞歸嵌入（R.1.3）。與連結情境不同，連結想法或策略不是明確的口頭表達，而是發現顯示先前操作方式可以影響當前處理任務的證據。

形成活動指涉兩個或多個數學任務或其他表徵之間相似關係的形成，在該活動中，形成物件（F.1）可分爲三種行動：操作性的、比喻性的和以活動爲主，三種行動是以形成連結的心理活動軌跡爲主：(1) 學生是否透過心理操作的協調和轉換（F.1.1 操作性）；(2) 關注結構或功能的相似性、知覺或感覺運動特徵的相似性（F.1.2 比喻性）或 (3) 在他們自己的心理運作相似性的產物（F.1.3 以活動爲主）。操作和比喻性類型與一般化分類中出現的結構相似，但以活動爲主的行動是新穎的。當經歷了擾動並導致對相似元素的搜尋時，就會發生搜尋（F.2），因此，尋找相似性或規律性涉及嘗試找到跨案例的穩定模式或規律性。這種搜尋有時會導致隔離出一個屬性（F.3），該屬性在其他元素的變化中保持不變，可將這種行動稱爲「孤立的恆常性」。形成中的另一個一般化類型是建立一種操作方式（F.4），當建立一種操作方式時，學生形成新穎的心理操作，成爲可以應用於更廣泛領域的一般化的基礎。當學生具備形成的行動時，就擁有了辨識（F.5）案例、數字或圖形之間的規律或模式的能力。

經歷形成階段後，一般化就可以擴展到新的案例，所有擴展動作都會根據所發生的學習的特定品質來區分，包含了四種主要的擴展行動：繼續、操作、變換和刪除細節。在 E.1 繼續的行動時，學生不會改變一般化，而只是將已經形成的規律應用於新的案例。在 E.2 操作行動時，學生將改變一般化的表達，以便將其擴展到新的案例。操作有兩種子類型的區別：E.2.1 小型調適和 E.2.2 主要調適，之間的差異取決於行動者爲導向的視角，以學生理解任務的重要性，和需要對當前操作方式進行結構性改變的程度來判斷調整。E.3 變換涉及改變一般化本身，是一種新穎的活動類型，與透過操作進行擴展有一些相似之處，其中學生透過進行一般化來產生新的案例。E.4 刪除細節涉及更普遍地表達規律性，這可以語言或代數描述的形式出現。

上述活動的類型是學生進行一般化時需要經歷的進展，然各階段所包含之子類型行動則可依接觸之數學任務與教學實務採用的方式而有所增減，並非在課室中全然會發生。但此分類框架可以提供一般化歷程由圖像之視覺化至抽象符號產出之行動分析的依據，可協助了解一般化的進展。

三、一般化學習軌道之研究

一般化被視爲互動構成，並透過意義的集體協商而改變，該框架確定了七個主要的行動類別，這些類別描述了公共活動（例如一般化或分享一般化或想法）、提示他人（鼓勵一般化、論證或分享形式的互動行爲），以及對他人的反應（例如建立或集中注意力）。其中一些類別與文獻中確定的教學策略相似，例如引導學生反思、鼓勵學生關注相似性及鼓勵學生解釋或證明他們的推理。

培養數學一般化能力對教師是一項挑戰，CSG 框架提供了識別教師和學生一起參與活動的實例，教師可透過顯示任務之間的差異和按漸進順序對任務進行排序，以及幫助學生在任務之間建立聯繫來促進一般化。表徵並識別物件或脈絡情境之間的結構相似性，鼓勵分享和提問互動，包括分享自己或他人的一般化、鼓勵分享一般化或策略、要求解釋、要求數學理由或證明、要求數字或數學證明等，顯示鼓勵學生用語言描述他們的想法和一般化可支持隨後發展代數一般化的能力。

如何引導學生注意圖形有關的物件？Lobato、Ellis 與 Muñoz（2003）認爲在一般化初始階段，須鼓勵學生「聚焦」，或「注意」問題中一個可能的變數特質或關係。Mason（2017）則主張需要能「緊握」一個共通性或規則，「注意」或「變得知覺」與一般化強調的有關行動，即「緊密的注意」細節，特別是一些改變或相同的觀點，掌握這些要點後，才能引導隨後的概念。另外 Duval（2006）指出學生對圖形的認知不僅是知覺的反應，尚且包含論述的歷程。知覺的理解只是把圖形看成是單一、完整的物體，像看見桌子的底部或頂端而知覺是四邊形。論述的理解是將圖形視爲由幾個要素組成具有顯著結構的整體，例如由許多長短不同的線段要素判斷組合的四邊形像正方形、矩形等。Duval（2006）主張學生在論述過程強調的要素不同，像是物體大小、長短、排列方向、垂直或平行等幾何特徵，會影響其對圖形產出不同的樣式、步驟和解題策略，所以協助學生辨認圖形中物體的變異性和規則是最基本的活動。

在一般化教學的歷程，協助學生洞察與建構要素中的單位，並與符號和推論的算式之間進行關聯是主要的目的，要讓學生能夠從算術思考之單位知覺、運算基模轉換至代數思考有關算式產出，在圖形設計上須呈現樣式的明確性，才能激發學生知覺、審視與組織圖形的要素成爲合宜的單位，進而促使關聯或明確化圖形的規則或算式。當圖形具高度樣式規律，像是物體的排列具平衡投射或整體結構的說明時，可引導學生利用既有基模組織整合樣式規則，進而擴展基模應用範圍，產出明確化、有用的算式；而具低度樣式律則的圖形，其結構說明是混亂且複雜，無法辨識可組合或分離的要素，就會使認知結構中的基模無法提取，而使算式的建構產生困難，致使基模無法擴展甚至有效解題。

尋找不同意識證據的一種方法是透過注意力的焦點和結構。描述自己正在做的事情的方式有時不僅顯示正在關注什麼，而且顯示關注的不同方式，無論是專注於特定，還是透過特定到一般，或透過一般關注特定。表達學生意識複雜性的另一種方式是，如果不進一步探究，很難知道學生意識到的允許變化範圍，甚至學生正在考慮哪些可能變化的維度。透過要求學生建構類似的例子，至少可以闡明他們認爲可以改變的一些特徵，以及學生接受可進行改變的範圍。在這種情況下，結構意識或關係思維涉及對某些可能變化維度的某些允許變化範圍的明確意識。

第三節　學習軌道與評量

壹、認知導向的評量（Cognition-Based Assessment, CBA）

Battista（2012）的認知導向的評量（CBA）理論爲評估和理解學生數學思維的數學教學方式，致力於提高學生的學習進度，並依此教學對概念理解和推理進行深入研究。Battista 詳述幾何學習的四個層次，概述學生對幾何形狀的思考方式，理解和指出學生在推理上的學習過程和困難。

CBA 各層次間細分了子層次的學習表現，指出學生在推理上的學習過程和困難，子層次間跨越的程度較小，可以更具體的指導去達成。關於 CBA 的各層次整理如下：

層次 1：根據視覺上整體來辨識形狀

根據形狀外觀作爲視覺整體來識別形狀，例如區分矩形和正方形時，學生可能會說矩形是「長」的，而正方形是「胖」的。

層次 1.1：錯誤的從視覺整體上辨識形狀

能正確識別大多數熟悉的形狀，但也有錯誤識別的時候，因爲難以辨別同類形狀中的共同性，像是學生從非四邊等長的平行四邊形中辨別是否爲菱形。

層次 1.2：正確的從視覺整體上辨識形狀

根據形狀整體的視覺上來辨識形狀，可能無法準確提出這個形狀的特徵，但能以自己的想法舉出這個圖形的一個共通性，像是這類型的形狀都像鑽石。

層次 2：能描述形狀的部分和屬性

重點集中在形狀的各部分上，著重描述各部分的空間關係來辨識形狀，包含可測量的長度和角度，像是所有邊長相等、角度是 90 度。

層次 2.1：非正式的描述形狀的部分和屬性

使用日常生活用語，以視覺上、非正式和不精確的描述來形容形狀的部分和特徵，例如當說明直角的特徵時，會說方方正正的角、像正方形的角，或是以「這個」、「這樣」的語詞表達，加上手勢說明。在 2.1 級，這些描述是在學生檢查是否爲特定形狀時指出的特徵，而不是辨別這些形狀屬於哪一類先前提出的特徵描述。

層次 2.2：使用非正式、不完整敘述描述形狀

同時使用非正式和正式語詞來組合表達，形容形狀的特徵，或是使用正式的用語形容但不完整，像是會說矩形裡對面的邊彼此相等（實際上，矩形不只有此特徵）。這一階段學生的描述和概念似乎是在檢查時提出。

層次 2.3：能完整及正確的以正式的敘述描述形狀

以正式的用語正確地指出形狀的特徵，從只憑視覺上判斷到能根據所提的特徵來辨別形狀。例如能說出矩形要有相對的邊相等且平行，並且有 4 個直角。

層次 3：基於形狀的屬性關係做推理

了解一個形狀特徵之間的關係，能基於先前的經驗，說明一個特徵導致另一個特徵也成立的原因，例如可能會說：「如果一四邊形的對邊相等，那麼它的對邊平行。」

層次 3.1：透過經驗去連結形狀中的各個特性

以先前的操作或觀察到所有例子的經驗上，看到或想像出：若一形狀具有一特徵，則具有另一特徵。

層次 3.2：分析形狀構造使形狀的特性相互關聯

透過分析形狀的構造和特徵得出關聯，利用畫圖或是用繪圖程式，從成形的動態過程看出特徵之間的關聯，藉由畫圖知道一個四邊形具有 4 個直角，則相對的邊是相等的。

層次 3.3：使用邏輯推理了解形狀屬性的關聯並理解基本定義

對形狀的幾何特徵進行邏輯推理，並開始發展關聯的能力。例如說矩形具有「4 個直角，且對邊相等」，能從正方形的特性知道正方形也屬於矩形。

層次 3.4：理解並採用形狀類別的分類階層

使用邏輯推理將形狀分類，重新組織爲一個有階層結構，整理出四邊形之間的包含關係。例如能看到並接受以下概念：所有正方形都是矩形，所有矩形都是平行四邊形，所有平行四邊形都是四邊形。

層次 4：理解和創造正式演繹證明

理解並可以建構出正式的幾何證明，從一系列的證明敘述來得知給定的公理是正確的，學生了解到要眞正驗證其推理，必須提供形式證明。

貳、CBA 學習軌道在數學概念詞彙的應用

CBA 的幾何認知理論重點更爲細緻，層次上著重的是探索方式，涵蓋面向較廣泛，可能是動作、觀察、分析等方式，而 CBA 理論更聚焦在學生語言上的表現，探討的面向較爲具體，也清楚的界定幾何語言，透過分析幾何詞彙使用情形，了解學生幾何認知的範圍，對於學生幾何學習的發展有更具體的描述。

筆者（2024）透過學習軌道教學實驗模式，蒐集學生在四邊形教學活

動中的表現，了解使用數學詞彙表達的情形。筆者根據現行課程綱要所列之指標，分析現行四年級教科書內容，設計教學活動，進行教學實驗，以探究學生幾何詞彙之學習表現，進一步省思教學，找出調整策略。希望藉此課程設計能達到預期教學成效，提供教師教學參考。

一、四邊形詞彙分析

筆者分析教科書之四邊形單元內容，將課本活動做整理。接著將四邊形相關之數學詞彙整理如下：

1. 垂直與平行之數學詞彙

詞彙及行動，如下所示：

(1) **互相垂直**：兩條直線相交所形成的角是直角時

(2) **互相平行**：在同一平面上，兩條直線垂直於同一條直線時
把互相垂直的線做上[直角記號]、延長直線
兩平行線之間的[距離處處相等]
[三角板畫出]互相垂直和互相平行的直線

2. 認識四邊形性質與全等之數學詞彙

(1) **鄰邊**：相鄰的邊

(2) **對邊**：相對的邊

(3) **對角**：相對的角／不相鄰的角

(4) **四邊形**：有[四個邊]和[四個角]的圖形

(5) **正方形**：[四個邊都等長]且[四個角都是直角]的四邊形，且[兩雙對邊都分別互相平行]

(6) **長方形**：[兩雙對邊分別等長]分別[互相平行]且[四個角都是直角]的四邊形

(7) **菱形**：[四個邊都等長]的四邊形→兩組對角相等，兩雙對邊分別互相平行

(8) **平行四邊形**：[兩雙對邊分別互相平行]的四邊形（兩雙對邊都分別一樣長，且兩雙對角都分別一樣大）

(9) 梯形：只有一雙對邊互相平行的四邊形

3. 描繪四邊形性質之數學詞彙

(1) 矩形：畫出一條直線邊ㄅ→垂直於邊ㄅ的平行線ㄆ、ㄇ（皆線ㄅ的鄰邊）→在平行線ㄆ、ㄇ上找出相等長度的地方為頂點→連接頂點（線ㄅ的對邊），直至完成矩形（配合動作與圖示示範說明）。

(2) 平行四邊形：畫出兩條平行線ㄅ、ㄆ（對邊）→一條和平行線ㄅ、ㄆ相交的斜線邊ㄇ→畫出和邊ㄇ平行，且和平行線ㄅ、ㄆ相交的直線ㄈ，直至完成平行四邊形（配合動作與圖示示範說明）。

(3) 梯形：畫出兩條不等長的平行線ㄅ、ㄆ（對邊）→連接平行線邊ㄅ和邊ㄆ的頂點，直至完成梯形（配合動作與圖示示範說明）。

二、學習軌道與活動設計安排

四邊形學習軌道涉及整合CBA之架構與詞彙的鷹架，如圖3-6所示。

圖 3-6

四邊形幾何概念和詞彙軌道

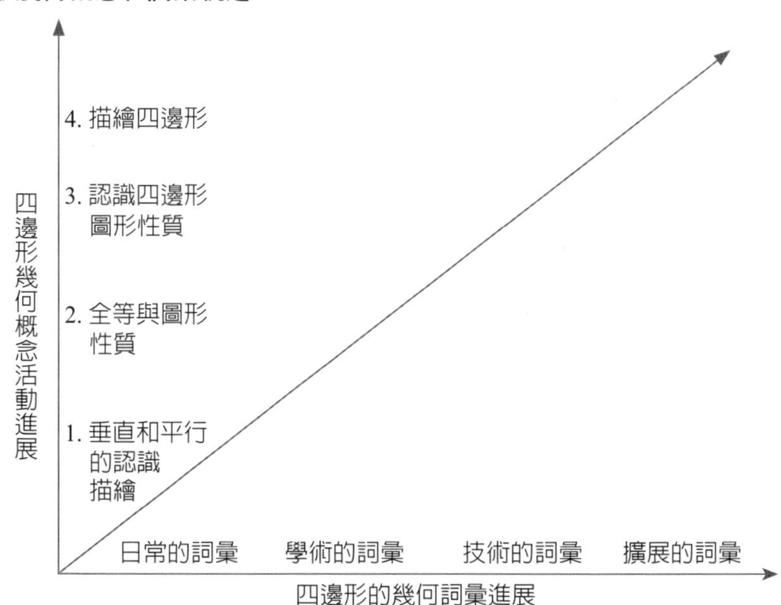

此學習軌道的概念學習活動，縱坐標包含：

1. 垂直和平行的認識描繪。
2. 全等與圖形性質。
3. 認識四邊形圖形性質。
4. 描繪四邊形。

橫坐標則包含：

1. 日常的詞彙。
2. 學術的詞彙。
3. 技術的詞彙。
4. 擴展的詞彙。

當學生在進行四邊形單元學習時，其幾何的概念（縱坐標）與詞彙的理解和表現（橫坐標）會隨著活動的進展愈趨精緻與完善，而學習到正式的數學學術詞彙。

第四章

單位化：運算與解題的基礎

在日常生活中常見單位（unit）作用於物體的例子，例如到書局買「一打」鉛筆、「一本」筆記本，「一打」或「一本」在商場上代表了鉛筆或筆記本販售的標準；到西餐廳用餐，點的餐爲 8「盎司」的菲力牛排，「盎司」則爲西餐廳裡表示牛排重量的單位。單位是一種表示物體屬性所用的指示，會因物體的種類而使用不同的單位來呈現其價值，例如測量物體的重量時，我們會使用公克或公斤表示；另外，會用公分或公尺作爲單位以展示物體的長度。即便是相同的物體也會因文化採取的習慣，所用之單位也會不同，例如面積單位，在臺灣生活上會用「坪」數來計價，但有些國家則用「平方公尺」作爲交易的單位。因此，單位的學習不僅指涉物體屬性及其值的展示外，也會因文化不同而有所差異，其間產生的差異則須進行轉換和處理，才能取得一致的認知以進行運作。在數學教育上，單位化促進了我們對於位值觀念的認識及運算，例如十進位制，讓我們便於整數的計數；我們也利用等分或組合將物體化爲較小（大）的單位，如分數或小數，擴展了對數系的了解和應用。

長久以來，數學課室教導分數乘除的方式，常引用捷算的方法如交叉約分，或倒數相乘的方式，在運算的過程要求學生做數字的化約以能快速的產出結果，但無法解釋爲何要約分或倒數相乘，更不知這些行動造成「單位」的混淆。殊不知分數或小數的乘除運算，仍須符合律則要求，像整數的運算一般以「單位」作爲運算基礎，以位値的觀念讓學生理解爲何要做約分的行動。爲了表徵分數除法，教師需要隱喻或明確地理解數字在表徵中所指的單位。

單位的操作（單位化）是一種可以內在化的、可逆的，並且依賴於其他操作的動作，例如收斂和擴張（約分與擴分），以及數學培養的邏輯經驗，並關心隨後轉化爲結果的行動。單位化對於學生來說並不是先驗存在的，而是需要數年的時間歷練，透過感覺活動裡所欲培養概念的內化和協調來發展。

第一節　單位化的定義與概念

壹、單位化的定義

單位化（Unitizing）是學生使用某一個單位去重新導向存在於數學情境裡的數量，以能更深入地進行數學概念的理解和結構的轉換。例如等分操作是透過多個級別的「碎化」行動（再分解）來發展的，在這些活動中，學生學會了協調三個相互競爭的目標：將連續的整體分解成指定數量的部分、生產大小相同的部分，並將整體耗盡沒有剩餘（Steffe & Olive, 2010）。當教師將數學行爲（運算）描述爲潛在可逆和可以組合的心理行爲，則需要特別關注學生用來構造和轉換單位的操作，其中單位是指一個數量等分後的實例，可用於比較或測量其他相同數量的實例。當學生透過等分一組的物件、將等分的部分視爲相同的，並能將它們視爲一個整體來建構一個單位，這種操作稱爲「單位化」。學生可以迭代一個單位，製作它的副本，並將副本整合到一個新的複合單位（由單位組成的單位）中，例如兩個 $\frac{1}{3}$ 可以形成複合單位 $\frac{2}{3}$；或者可以將一個單位分成相等的部分，形成更小的單位，例如 1 等分成 3 份，每份 $\frac{1}{3}$ 視爲單位分數，那麼 1 就有 3 個單位分數 $\frac{1}{3}$，這種行動和能力非常重要，影響著分數概念是否成功。

Lamon（1994）將「單位化」的核心思想理解爲「使用單一單位來協調複合單位，例如 15 是 3 個 5 構成。」一些學者主張，將單一元素的集合想像爲複合單位的能力被認爲是乘法思考的關鍵（Götze, 2019b）。雖然此活動「可能開始於小學生視覺的數量化活動」，但仍需要與組合相關概念與技巧的心智結構，從單一單位（singleton units）的分配轉移朝向更多複合單位（composite units）的運用，這些策略強烈的受到關於可分配對象之社會實務的影響（文化或習慣），較少受到給予的數量之數字的影響，例如常說一打可樂等於 12 瓶裝。

貳、單位化的發展與應用

乘法是數學學習的一個重要主題，乘法的引入和學習被認爲是學生未來數學學習的「分界點」，因爲乘法思維作爲組合群的思維是理解分數、比例和百分比等主題的基礎計算（Pöhler & Prediger, 2015; Prediger, 2019; Siemon, 2019）。由於上述主題指涉「單位化」概念的理解，是發生於具有乘法本質情況所涉及的複雜性，因此乘法思維的發展需要很長一段時間。乘法思維的發展通常被描述爲四個中心階段的學習軌跡：(1) 直接計數；(2) 有節奏或跳躍計數；(3) 加法思維（可能透過說出計數順序）；以及 (4) 乘法思維。乘法通常以「重複加法」引入作爲過渡的手段，聯繫在一起，例如 $4 \times 3 = 4 + 4 + 4$，但是如果視重複加法是唯一乘法的模型，這會在以後的學習造成困難。原因是在加法運算中，加數具有相同的意義，即對象是同一單位。如果學生們傾向於將乘法僅解釋爲相同大小數量的組的重複相加，那麼這種理解是有限的，因爲它不適用於自然數之外的乘法（例如 $5\frac{1}{2} \times \frac{1}{4}$ 無法透過加法思維來解決）（Thompson & Saldanha, 2003）。因此在教導乘法概念時，常會引用分裝和平分的情境，要求學生透過操作，將不知數量的對象透過上述情境，了解到乘法概念中被乘數與乘數所包含不同單位的協調，明白乘法是由二階單位（單位量與單位數）構成的運算法則。

乘法思維涉及在比加法思維更抽象的層面上協調組合單位的能力，意味著識別被乘數和乘數的不同涵義。這種能力通常被稱爲「單位化」或「處理複合單位」。單位化活動對學生學習而言並非易事，Lamon 提出「16 個物體的 $\frac{3}{4}$ 是多少？」此問題讓學生回答，學生必須重複單位化至少 3 次：

1. 將 16 個物體想成是 16 個單位，因爲它們是 16 個以 1 爲單位的數量。

2. 創造單位中的單位，即將 4 個物體（本以 1 爲單位）組合成複合單位，每個複合單位包含了 4 個以 1 爲單位的數量，所以有 4 個以 4 爲單位的數量。

3. $\frac{3}{4}$ 須創造單位中的單位的單位，因此創造一個 $\frac{1}{4}$ 個單位，總計有 3 個。16 個物體成爲 4 個以 4 作爲單位（4 個 $\frac{1}{4}$），取出 3 個（$\frac{3}{4}$），即爲 12 個物體。

若教師要求學生將 $16\times\frac{3}{4}$ 以約分方式將 16 與 4 約分後，獲得 $4\times3=12$ 的答案，則須說明 $\frac{3}{4}$ 的意義，即分母 4 表示單位分量，$\frac{1}{4}$ 爲單位分數，整體 1 可以等分成 4 個 $\frac{1}{4}$，$\frac{3}{4}$ 代表 3 個 $\frac{1}{4}$，$16\times\frac{3}{4}$ 意爲 16×3 個 $\frac{1}{4}$，總共有 48 個 $\frac{1}{4}$，即 $\frac{48}{4}=12$ 個，此時約分的動作才有意義。此例中 16 與 4 進行約分在此情境下是很難解釋的，若將 $16\times\frac{3}{4}$ 進行單位化獲得的結果，$\frac{3}{4}$ 代表 3 個 $\frac{1}{4}$，然後 $16\times\frac{3}{4}$ 才會有 12 個 1。

參、單位化的教學

單位化是一項將測量的單位變成一數量的認知作業，透過思考將給予的對象指涉成一整體大塊的結構，例如給予一箱可樂，學生可能想成有 24 罐（1 罐爲 1 個單位），或 2 打（1 打有 12 罐）。形成與運算的能力伴隨逐漸複雜的單位結構，藉由聰慧的推理發展變成一非常重要的機制。例如比例推理的研究，指出運算時具有比例推理的人與非比例推理者之間最重要的差異，是前者熟練建構與運用複合的外延量單位，並在選擇運用何種合適的單位時會做決策，若要更有效的處理問題，則會選擇更多複合單位加以應用。

Jacobson 和 Izsák（2015）將這些所指單位確定爲分數推理的重要組成

部分之一。「單位」是測量的標準，可以是一個整體（例如 1 公尺），也可以是包含在測量標準中的一部分（例如 $\frac{1}{5}$ 公尺）或包含幾個測量標準（例如 10 公分爲 1 公寸），解題時所用之參考單位，是在問題情境中嵌入數字時所需的單位。Lee 等人（2011）將參考單位定義爲教師追蹤分數所指的單位，隨著參考單位變化而改變他／她對數量的相對理解的能力。例如要使用表徵來解決 $\frac{1}{2} \times \frac{1}{3} = \frac{1}{6}$ 問題時，教師應該知道 $\frac{1}{2}$ 和 $\frac{1}{6}$ 都是指涉整體 1 中的部分，而 $\frac{1}{3}$ 指涉 $\frac{1}{2}$ 中的部分。在此乘法中 $\frac{1}{2}$ 是指整體 1 等分爲 2，其中 1 份爲 $\frac{1}{2}$，再者 $\frac{1}{2} \times \frac{1}{3}$ 則須將 $\frac{1}{2}$ 視爲另一個整體 1，$\frac{1}{2} \times \frac{1}{3} = \frac{1}{6}$ 此結果 $\frac{1}{6}$ 其單位又回復到原來的整體 1 視之。如果教師對參考單位沒有單位意義的說明，他們可能會將參考單位（即整體）視爲固定的值，而沒有考慮問題中可以嵌入不同的整體的概念（即二分之一）。Cengiz 和 Rathouz（2011）主張選擇活動協助建立單位概念和連接表徵的經驗，提醒注意追蹤單位在解決分數問題時的重要性，並認識分子和分母之間的關係和作用，例如在 $6 \div \frac{2}{5}$ 的情況下，從單位分數（$\frac{1}{5}$）的角度考慮是有幫助的，並且要認識到分子表示所示的組數（2）和分母標識整批中相等的組數（單位分量 5），要求學生既考慮除法的解釋，又要考慮適當的指稱單位，並在表徵之間形成聯繫的問題，因此可將 6 轉化成 30 個 $\frac{1}{5}$ 變成 $\frac{30}{5}$，然後除以 $\frac{2}{5}$，在相同的單位 $\frac{1}{5}$ 下，$30 \div 2$ 就等於 15。

此觀點認爲數量「單位化」的能力對於解題的重要性，藉由複雜單位的遞增，以建立數學的推理能力，包括早期計數策略的習得、加減法策略的習得、乘除法概念的發展及比例推理的發展。總而言之，乘法思維作爲概念上的單位化意味著兩個核心概念：

1. 概念 A：以複合單位思考。這與認識到被乘數和乘數具有不同涵義及獨立協調它們的能力直接相關（Götze, 2019a, b）。

2. 概念 B：獨立使用概念 A 進行乘法檢索，並藉助使用關聯、分配和交換關係的分解策略（Baiker & Götze, 2019）。

另外，對數學語言發展的研究提出的觀點，建議當某人透過更加整體的單位重建情境時，透過動作的說明，例如上述整數乘以分數的範例（$16\times\frac{3}{4}$），整數 16 與分母約分表示進行整體數量的單位化，這樣會有更智慧的思考結果，因爲此行動可讓學生同時思考此聚合和包含在它之內的個別項目。

第二節　單位化的發展與策略

壹、等分與單位分數的建立

關於「單位化」與「等分」的研究建議，這兩個行動建立的差異與觀點可朝向對有理數的理解。「等分」是一種可產出數量的運算，是一種以經驗爲主、建立有理數成爲學生公平分配有關非正式知識之定錨歷程的直觀行動。「單位化」則是對給予之對象或分配數量前中後概念化的認知歷程，要理解此歷程，學生需要進一步明白將有理數本身當成實體，更好的直觀理解和處理認知歷程之間有理數數量結構的交互作用。

對分數採取非符號表徵的研究，認爲學生要能夠深入理解分數概念，強調需要透過運用多種具體與圖像的模式，而等分的活動對於建構有理數的理解非常重要，分割某一物件或一組物件成爲相等部分的能力，對於部分－部分或部分－整體關係，或相等與不相等觀念的邏輯發展是非常重要的，且會影響學生對其他數學議題像是測量和幾何的理解。

Confrey 等人（2008）將等分（equipartition）定義爲對某一（組）物件平分以產出等組物件的認知行爲，因爲分割物件使之成爲等同的能力，對分數中部分－部分、部分－連續量的關係，或相等與不相等的觀念提供發展的基礎（圖 4-1）。此等分 LTs 由兩個層面的要素組合而成，其一

圖 4-1

Confrey 等人（2008）的等分學習軌道

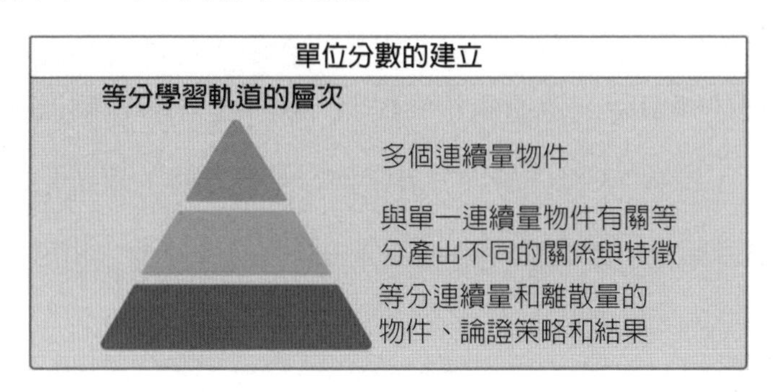

是透過學生參與等分任務透過的路徑，像等分離散量、單一連續量或多個連續量物件後，運用數學術語命名、論證等分行動的結果，呈現認知能力的層次。能力的層次描述學生等分時運用的不同策略，像等分單一連續量時做垂直的（vertical）、水平的（horizontal）、定位（benchmark）或做切割後再切割的動作；等分多個連續量時將所有的物件進行全部分割（splitting all）或處理後分割（deal-then-split）的方式。另外的層面是一組任務（task）的參數，描述連續量的形狀與分配人數的數字，與能力層次交互作用而決定任務的困難度。對學生而言，此 LTs 指出等分離散量較等分單一的連續量容易，等分多個連續量較等分單一連續量困難。相同的，對某一連續量創造 2^n 方式相等大小的物件，較創造奇數數量相等的物件容易，因爲學生可運用重複折半的策略完成；另外運用圓形圖分割成 3 個等同的物件較 6 個物件容易，長方形圖的分割則較圓形圖容易。

Confrey 等人（2008）針對有理數推理之基礎元素，進而建立了一等分的 LTs，表 4-1 呈現學生從較不聰慧進展朝向更聰慧推理的軌道。

表 4-1

等分之學習軌道

階段	說明
8	m 個物件分給 p 個人，m>p。
7	m 個物件分給 p 個人，p>m。
6	把一連續量分成奇數等分（n>3）
5	把一連續量分給 2n 個人，n>2，$2n \neq 2^i$。
4	把一連續量全部分成 3 等分。
3	把一連續量全部分給 2^n 個人，n>1。
2	把一離散量分給 3-5 個人，沒有餘數，物件有 3、4、5 個。
1	將連續量和離散量分成 2 等分。

根據 Confrey 等人（2008）之 LTs 模式主張：

1. 最低的層次是離散量與連續量兩者以二等分的理解。
2. 接著處理所有的物件分配後沒有餘數，進一步理解如何將連續量的物件進行 2n 的分割，藉由理解偶數物件可由重複的二等分開始。
3. 下一層次則能將連續量的物件進行奇數等分。
4. 等分最高的理解是當物件多於人數或人數多於物件時，能公平的分配。

探討學生等分概念的發展，Confrey 等人（2008）依據其 LTs 模式設計教學活動，探討學生於等分 LTs 的每一個層次各種知識的進展：包含等分的策略、命名與標記，以驗證教學實驗效果。活動設計首先從離散和連續量活動的安排，判斷學生是否會使用多元策略，進行聰慧的等分思考；然後要求學生論證如何平分，理解爲何可產出平分的解釋；接著是平分後的命名與標記，透過重新組合某組物件或連續量結構的部分，是和最初的連續量一樣多的知識，接著透過計數、關係而理解分數的概念。

貳、等分操作

Confrey 等人（2008）認爲「打碎」、「斷裂」、「破碎」或「切片」與創造等組的物件之間是不同的，因爲打碎通常引導出加法的策略，而等分是乘法和除法的基礎。等分的推理可以四個案例作爲分析的基礎，案例描述如表 4-2。

表 4-2

等分推理的四個案例

案例類型	說明
A	給予 m=p×f 的物件，並要求將這些物件平分給 p 個人，舉例來說，要求將一打鉛筆平分給 4 個人。
B	將一連續量平分給 p 個人，舉例來說，1 個披薩平分給 6 個人。
C	給予 m 個物件平分給 p 個人，此時 m>1，且 p>m，要求每個人獲得公正的分配。
D	給予 m 個物件平分給 p 個人，p 並非是 m 的因數，且 p<m，例如 5 個披薩分給 3 個人。

幾個研究探究學生等分連續量的能力，說明等分和朝向精熟之理解層次的特徵。Pothier 和 Sawada（1983）提出一理論以描述學生等分推理的發展。

層次 1：分配。學生學習透過一條線的中心，對折成爲 1 半，再對折成爲 4 分，在分割階段，有時將連續量打碎，建構不等大小的部分。

層次 2：利用算則的方式進行二等分。學生精熟 2 倍數的過程，對圓形和正方形創造對分、4 分、8 分與 16 分。

層次 3：公平性。將重點放在部分的大小和形狀上，進行平分與否之間的區別，以部分的特質作爲基礎。

層次 4：奇數分配。描述對算術對半並無法公平分配的辨識，像是分配 3 或 5 等分。

層次 5：學生創造合成物，有效的使用乘法算則的方式建構單位分數。

Lamon（1996）探索 346 位四至八年級學生等分的策略，要求在 11 種作業進行多個物件平分給多個人，發現學生會運用以下的策略：

1. 提供碎塊、連續量標記、分配。提供碎塊的策略最初是整個分配。
2. 再者標記和分割剩下的連續量，依照部分數目合宜的分配。
3. 運用全體標記的策略將連續量標記成合宜的等分除數目，僅有剩下的連續量可分割成部分的數目，例如等分配 4 個物件給 3 個人，學生會將所有的物件等分成 3 部分，每個人分配 1 個物件後，將剩下的物件分割成 3 份，再分配給每個人。
4. 標記或分割連續量成合宜的部分數目後再分配，例如將 4 個物件分配給 3 人，則將連續量物件等分成 3 部分，或過度標記（將連續量等分成 6 份再分配）。

Toluk 和 Middleton（2004）從教學實驗探究 4 位五年級學生對分數和除法的理解，發現學生等分的知識和分數結構有關：

1. 從較不聰慧朝向較聰慧理解的發展，首先會將整數的商當成是除法獲得的結果，透過連結等分，進展至分數部分和連續量概念。
2. 再者能一般化除法情境和用分數呈現商之間的關係。
3. 最後能將分數概念化成除法。

根據 Toluk 和 Middleton（2004）的看法，明確的連結需要從教學下手，才能協助學生連結這些不同的基模。與上述學者研究結果比較，針對國內學生等分概念發展順序，教育部（2008）課程綱要能力指標詳列學生學習的順序：

1. 藉由分裝與平分的活動開始，認識單位分數並比較不同單位分數的大小。
2. 接著解決同（不同）分母分數的加減乘除的運算，最後能運用解題。

各出版社亦依據此宣稱編輯教科書提供師生使用，只是運用何種材料或表徵作爲學生等分概念發展的素材，與學生如何在設計的情境進行等分的行動，利用何種策略與其認知結合，如何透過等分活動進行分數的標記，尚未有進一步系統的探究，若能建立完善資料，將可協助師生對分數的教導與學習提供助力。

參、等分作業

Lamon（1996）與 Toluk 和 Middleton（2004）等學者認爲教材的運用會影響學生分數概念的建立與理解；選擇某數學概念合適表徵的能力，與掌握給予表徵的優勢，是理解數學概念非常重要的元素；相同數學概念而不同的表徵，必須能在解題的歷程，針對特殊的目的而被運用，且每一種表徵可提供不同的目的。Chval、Lannin 和 Jones（2013）針對分數學習時所用之離散量與連續量材料的設計運用，建議可針對學習者的特性與操作的活動，提供面積、線段與離散量模式作爲啟發學生學習分數視覺化的基礎，其效果可配合連續量和離散量的性質產出。因此教學時採用面積、線段與離散量等三種模式，作爲設計等分活動內容的基礎，提供學生實作與操弄。

從上述了解：

1. 學生小時即具有等分的概念和能力，可作爲分數學習的基礎。
2. 等分能力是影響學生有理數和等值概念重要的先備知識。
3. 學生等分能力的發展從辨識、命名、標記至論證之間有層次分別，可從其表現判斷分數概念認知與操作的進展。
4. 要培養學生堅實的分數概念，則須從等分的概念著手，亦即要提供學生合宜的學習進程，才能克盡其功。

第三節　整數與乘法的單位化

壹、整數單位

計數單位（一、十、百等）是位值的認識論基礎。目前的十進制和位置編號系統稱爲印度－阿拉伯語系統，在世界範圍內用於編寫數字。這種符號的起源仍然是數學史學家們爭論的主題。控制位值的計數規則最初出現在孫子的《算經》（Sunzi Suanjing），被認爲是十進制的起源。該系統在五至九世紀左右傳遞到達印度，在十世紀到達阿拉伯帝國，在十三世紀到達歐洲（Sun et al. 2018）。歷史顯示，發明和使用位值系統來寫整數和小數的最合理的原因，來自於它的計算能力。使用以這種方式表示的數字的算法可以簡化爲以數字爲主的計算，這大大減少了心理計算中的內在負荷。許多學者認爲，基礎十的選擇與物理原因和人類認知有關：手有十指，一位數的產品很容易記住。本質上，它是數字的並置，能夠表示數量而不管其大小，每個數字也表示數量。位值使這個技巧成爲可能，數字的值根據其在數字中的位置而變化，位值之間的聯繫是十的次方，位值可以如下所示，數字 333.3：從左到右，第一個數字表示 300，第二個數字 30，第三個數字 3 和第四個數字 0.3。對該系統的理解被認爲是掌握數學的基礎。

原點是單位的概念，是所有數字系統的基礎。十個 1 組成一個新單位：十個。十個 10 形成另一個新單位：一百個。單個或一個，被稱爲單位或單位一個。一組事物或一組單位，如果被視爲單個或一個單位，也稱爲一個單位。Ma 和 Kessel（2018）定義數字，認爲「一」此數字可以表示是一個單位或一組單位。描述每個數字值的簡單方便的方法，是使用稱之爲數字單位或計算單位，類似於公制系統單位（長度、質量）。在該系統中，372 可被描述爲 3 個百，7 個十和 2 個 1 。多單位表示由許多單位組成的數字，這些單位在書面數字中始終未命名，但可以用口頭數字命名。十進位印度－阿拉伯語系統中的位值是基於兩個不可分割的原則：

1. 書寫數字中每個數字的位置對應一個單位（例如數字位於小數點左邊第三位）：這是位置原則。
2. 每個單位等於前後一階的十個單位（例如一百 =10 個十）：這是十進制原則。

Dehaene 等人（2004）認爲，有三種基數（模擬量値表示、口頭詞語框架和視覺阿拉伯語框架）的表示，這些表示在比較和計算中進行了心智的操縱。因此，他提出了一個數字處理的三代碼模型，即依賴於從一個代碼轉換到另一個代碼的數值活動。他的模型強調書面數字和口述數字本身都不包含任何語義訊息。Houdement 和 Tempier（2015）引入了一個混合數字系統，用於賦予數字和價值的意義。這種方法，他們稱之爲十大數字單位系統，是一種常規的、命名價值的多單位系統。基於有序的計算單位列表，它將位置原則放在一邊，並僅根據十進制原理繪製。緊密連接這三個系統具有很大的價值，不僅可用於位値的理解，還可用於理解計算的算法，以及有理數的十進制形式，尤其是小數部分。此外它可能支持測量單位的教學：例如長度和質量。

適當的操縱對於幫助學生創建數字單位的心理圖像是有用的，並且有意義地將十個單位轉換爲一個單位，反之亦然。解決問題，基於材料的行爲，例如使用基礎十基本模型（塑膠立方體、長條、平面紙條等）是常見的教育材料。然而，將這些材料引入課堂——甚至那些具有符號學潛力以展示單元概念的材料——並不能保證學生能夠建構這個概念。

貳、乘法單位化

乘法思維涉及到比加法思維更加抽象的單位化的能力，必須識別乘數和被乘數的不同涵義，因此從加法思維到乘法思維的轉變對許多的學生來說構成了障礙。通常在課堂話語中談論乘法任務和情況時使用的特定表述（例如「3 乘 4」或「3 組的 4」），可能會抑制意義生成過程，因爲它們沒有解決單位化的想法。對乘法的反應式語言介紹解決了單位化的核心思想，並使用諸如「4×3 意味著你有三個四」之類的話語，可能有助於克服這些問題。乘法概念從根本上與單位協調有關，在整數的背景下，單位化是對一個或多個計數行爲的重新表示。在有意義地進行乘法或除法運算之前，學生們會採用算術策略，將計數變化乘以 1。通常，這種形式的推理被描述爲預乘或加法推理，因爲它不包含跳躍計數。在加法推理框架中，分組的動作子集包括以 1 計數，以創建在乘法問題中迭代的複合單元。例如在 3×5 數組中找到總數，學生可以在每 3 個計算成 1 行，使用 5 行的結構來說明直接計數的進度。

乘法是數學的一個重要主題。在學習的初始階段，重複加法被認爲比全部計數或以倍數計數更聰慧；然而，將乘法與重複加法等同起來是有限制的，因爲在自然數之外，這種思維方式不再可行。因此，迫切的問題是如何支持乘法思維作爲「單位化」的基礎，這需要進一步的研究，來證明如何設計乘法意義生成過程，以及學生如何學習乘法思考。這種意義創造過程顯然可以透過向前和向後關聯不同的數學表徵（具體的、圖形的、符號的和語言的），和語言語域（日常的、學術的和技術的）來支持，其重點在於表達乘法結構意味著以下內容：學生不僅應將乘法 3×5 轉換爲五行，每行 3 個點的數組模型，還應解釋如何查看行中的單位化結構（五個三或五組三），以便將乘法的涵義表述爲單位化（Erath et al., 2021）

這些與意義相關的表達方式，例如日常語域中的五個三，與不同的數學表徵形式（例如矩形陣列）相結合，可能會增強乘法思維的單位化。Götze（2019a, b）的質性研究顯示，這種反應式語言的教學有助於學生發展乘法思維和單位化的思維。然而，這些研究的主題是已經學習過乘法主題的學生的乘法學習路徑。人們對使用反應式語言從一開始就培養乘法思維的效果知之甚少。

許多研究顯示，乘法思維比加法思維在概念上要求更高。這項需求是由於將情境理解爲乘法所需的抽象過程。特別重要的一個面向是理解因子的不同意義：乘數表徵複合單位的數量，被乘數表徵每個複合單位的大小。因此，數學教學的目標之一應該是讓學生解釋乘法和加法之間的關係，整數乘法也可以描述爲重複加法。然而，反映加法和乘法相互關係的能力的發展，以及從加法思維到乘法思維的抽象過程，是一個巨大的挑戰，涉及兩個核心及直接相關的要求：

1. 將「單位化」的核心思想理解爲「使用單一單位來協調複合單位」。將單一元素的集合想像爲複合單位的能力，被認爲是乘法思考的關鍵階段。
2. 認識乘數和被乘數的不同意義，當學生們不僅能夠思考和爭論 1 的單位，而且能夠思考和爭論多於 1 的複合單位時，他們就開始進行乘法思考。

因此，乘法思維作為建構「參考單位或單位化，然後根據該單位重新解釋整體情況的一般能力」，對於日益複雜的數學思想的發展，似乎至關重要。例如在小學，這種日益複雜的數學思想，是對乘法分解策略的理解，這些策略是基於對乘法交換性、結合性和分配性的理解。這種理解需要以更靈活的方式重新組織乘法事實。例如使用 5×8 和 2×8 求解 7×8 涉及將部分整體概念轉移到複合單位。然而，如上所述，許多學生在乘法思維和單位化方面存在困難，並且不理解乘法任務是如何相互關聯的。許多二年級以下的學生都使用加法思維來解決乘法任務，並且通常發現他們無法使用簡單的記憶乘法表任務，來解決更困難的任務，因此，他們回歸累加思維或計數。另一個困難是，當任務 2×8 和 5×8 合併為 7×8 時，學生們往往會困惑為什麼 2 和 5 可以相加，但 8 仍然存在。在 Moser Opitz（2013）的研究中，許多接受測試的五年級和八年級學生在解決諸如 20×30 之類的任務時遇到困難，儘管它與 2×3 相關，而他們能夠透過檢索來解決這一任務。換句話說，當他們進行乘法「只有當學生知道（潛在的乘法）數學事實時，檢索才是一種有效的策略。」

參、乘法單位化的作業

Erath 等人（2021）在他們的文獻綜述中提取了設計材料（任務、課程和單位）和增強數學課堂語言教學的設計原則。其中有兩個設計原則：

1. 連結語域和表徵。
2. 注重豐富的（口語）話語實踐以實現意義生成過程。

將乘法的表達式與矩形行列中的對象和圖形表徵相結合，可以理解甚至超越自然數的交換、關聯和分配屬性。儘管沒有直接提及使用意義相關表達來支持意義生成過程的重要性，但對教材實例的分析顯示，意義相關表達被明確考慮用於增強豐富的話語實踐。激發課堂口頭討論和加深學生乘法思維的典型提示如下：「將 6 個四想像成 5 個四，再加上 1 個四⋯⋯」；「18 是 2 個九、9 個二、3 個六、6 個三」。同時，這些話語透過矩形陣列進行視覺化，從「組」的想法轉向探索矩形陣列。數據分析顯示，這種教學方式似乎是有效的，因爲經過介入，許多學生的乘法思維水準得到了顯著提高。

第四節 分數除法的單位化

壹、單位分數的建立

學生要能理解分數概念，需要教師協助其運用表徵，掌握分數概念的形成和發展，才能獲得成效。在這些協助的鷹架下，等分對於建構單位分數概念是一項非常重要的活動。

等分學習軌道的層次包括：

1. 低層次包括等分連續量和離散量的物件、論證策略和結果，等分後的分數命名，反過來辨識物件的大小關係後，能說出連續量是幾個相同的部分。
2. 中間的層次包括與單一連續量物件（長方形或圓形）有關等分產出不同的關係與特徵，包括組合分割（預期乘法）、等分數目與等分大小的互補、辨識單一連續量物件等分給任何人數之可能性（連續法則）。
3. 最高的層次的重點則置於多個連續量物件，利用前述學生等分離散量和單一連續量發展的能力，運用兩個平行的策略類型：
   (1) 同時分割（co-splitting），同時組合物件和等分者兩者的分割，產生每個數量的值之等值的改變（預期的比例），例如 8 個蘋果分給 4 人，那麼 4 個蘋果分給 2 人。
   (2) 分給、分割與等分多個連續量物件給等分者的策略，引導學生針對任何物件等分給 b 位等分者，宣稱每位等分者得到 $\frac{a}{b}$ 個物件。

Confrey 等人（2012）進一步描述等分學習軌道的共同核心與溝通標準，作爲說明各階段學生等分的行爲表現及教學要點。其說明與圖示範例如下：

1.A 能將離散量平分成相同的等份，並將結果以物件數量之部分和整體的關係予以命名（例如一半、4 份裡的 1 份、3 份裡的 1 份）。

1.B 重新將離散量的等份予以組合，並以分配的整數數量當成 1 份，用倍數的方式描述。（圖 4-2）

圖 4-2

將離散量等分並組合

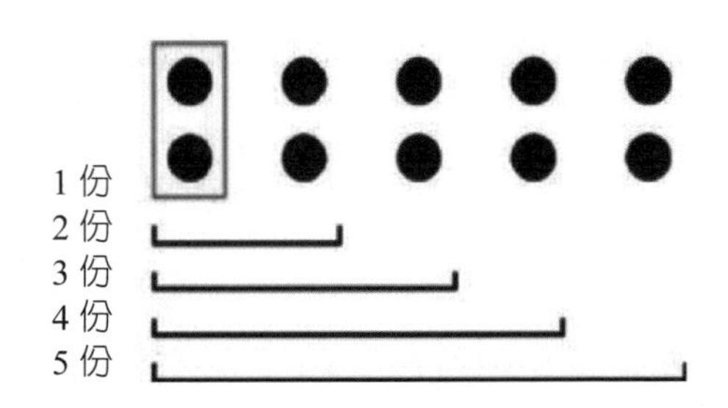

1.C 將某連續量（例如圓形或長方形）等分成 2 份或 4 份，並將結果以物件數量之部分和整體的關係予以命名（例如一半、4 份裡的 1 份、3 份裡的 1 份），並了解同樣的連續量分割的數量越多，得到的越少。

2.A 運用除以 2 的方式，記錄和解決離散量分配的問題（圖 4-3）。

圖 4-3

運用除以 2 的方式處理等分問題

硬幣數量	分配的人數
32	4
16	2
8	1

2.B　將離散量物件等分割的結果製成 2×2 的表格，一個方格表示所有的離散量，當成 1 整體，另兩格表示分配的人數和分配到的物件數量（圖 4-4）。

圖 4-4

製成 2×2 的表格處理分配問題

硬幣數目	人數
18	6
3	1

2.C　理解任何的單一連續（離散）量可以等分割成相同大小的 n 份（圖 4-5）。

圖 4-5

單一連續（離散）量等分割

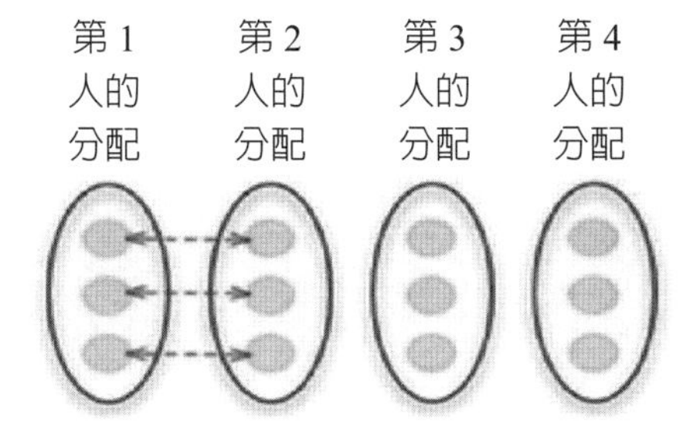

2.D 運用垂直和水平的分割方式等分割長方形，並預測數量結果（圖 4-6）。

圖 4-6

運用垂直和水平的分割方式

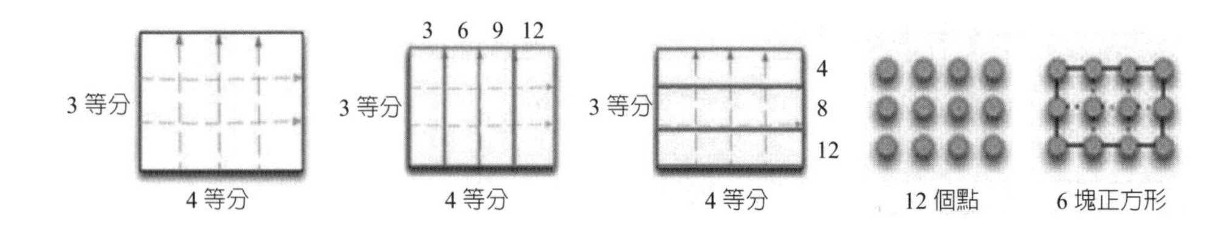

2.E 可以將長方形分割成行、列皆等長的正方形，並計數發現全部的數量。

2.F 將某連續量（例如圓形或長方形）等分成 2 份、3 份或 4 份，並將結果以物件數量之部分和整體的關係予以命名，描述整個連續量爲 2 個二分之一，3 個三分之一，4 個四分之一，並能辨識不同的分割方式，可得到相同的大小（圖 4-7）。

圖 4-7

辨識等分割方式

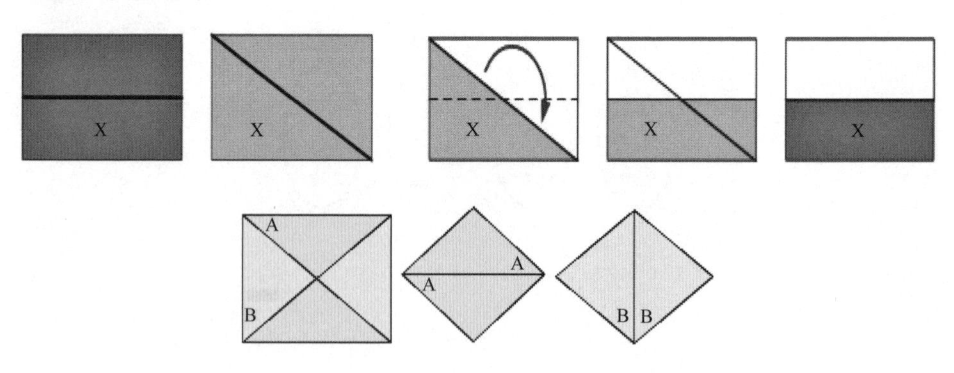

3.A 運用一種或多種分割的方式記錄和分配離散量的物件，並能逆算出離散量的總數（圖 4-8）。

圖 4-8

運用一種或多種分割的方式記錄和分配離散量的物件

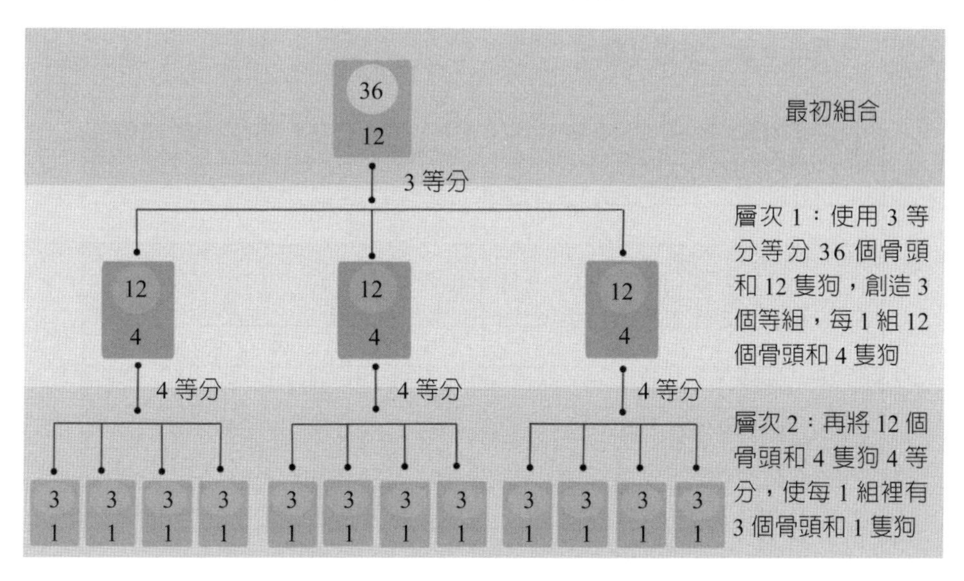

骨頭（Objects）	狗數（Sharers）
36	12
12	4
3	1

3.B 將圖形分割成面積相同的部分，並將每一部分的面積當成此連數量的單位分數。

3.C 理解某一連續量等分成 b 份時，將分數 $\frac{1}{b}$ 視爲是數量的形式，$\frac{a}{b}$ 則有 a 個 $\frac{1}{b}$ 的意思。

3.D　藉由 0 至 1 的組距等分割成 b 份，呈現分數 $\frac{1}{b}$ 於數線圖上，便是每一個 $\frac{1}{b}$ 的大小及其在數線上的終點位置（圖 4-9）。

圖 4-9

組距等分割成 b 份，呈現分數 $\frac{1}{b}$

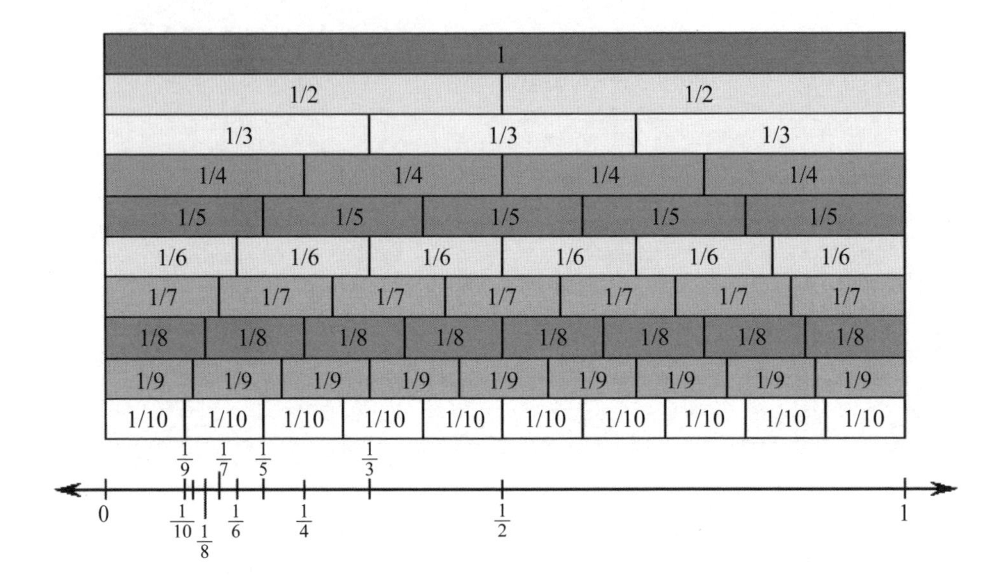

3.F　藉由從 0 開始標記 a 個 $\frac{1}{b}$ 的長度，呈現分數 $\frac{a}{b}$ 於數線圖上，辨認 $\frac{a}{b}$ 的組距大小及 $\frac{a}{b}$ 其在數線上終點的位置數字（圖 4-10）。

圖 4-10

標記 a 個 $\frac{1}{b}$ 的長度，呈現分數 $\frac{a}{b}$

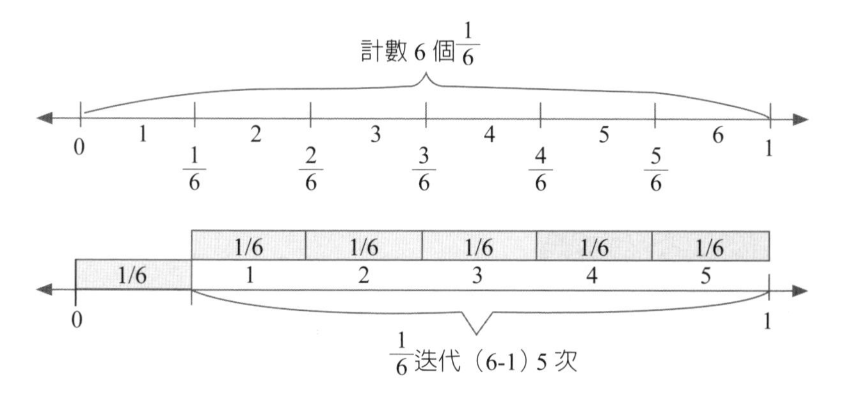

3.G.1 理解兩個分數具有相同大小或在數線上相同的位置，表示等值（圖 4-11）。

圖 4-11

理解兩個分數具有相同大小

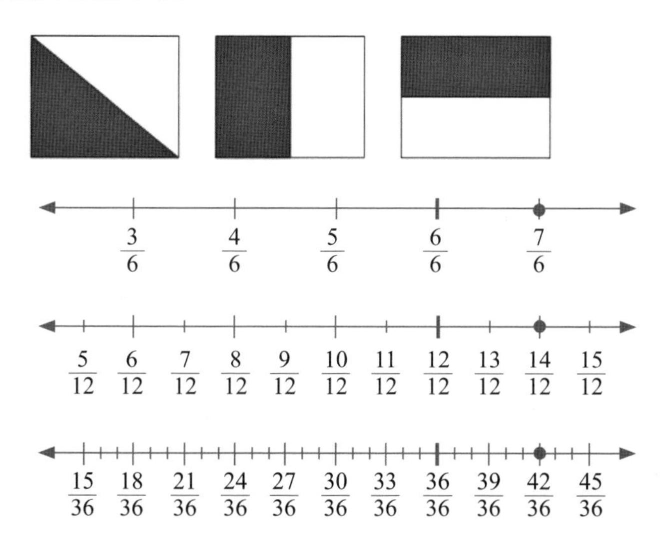

3.G.2明白並產出簡單的等值分數（例如 $\frac{1}{2}=\frac{2}{4}$，$\frac{4}{6}=\frac{2}{3}$），並利用視覺化的分數模式解釋這些分數為何等值？（圖 4-12）

圖 4-12

利用視覺化的分數模式

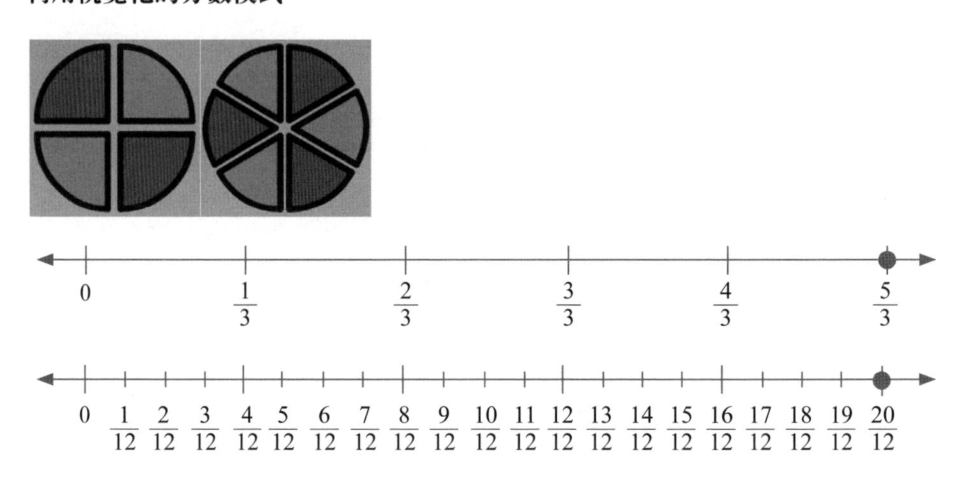

3.G.3用分數表達整數，明白兩者之間的等價關係（圖 4-13）。

圖 4-13

明白等價關係

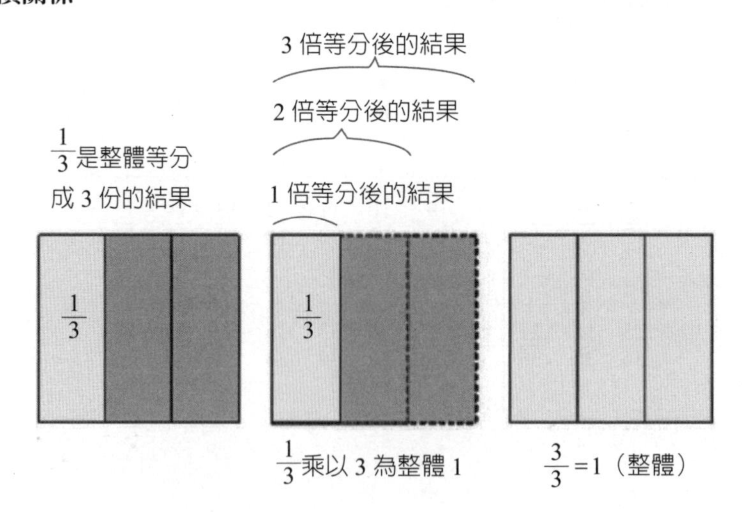

3.G.4　運用同分母和同分子的分數，透過推理其大小進行比較，明白兩分數只有在同大小的母群時，才能正確比較其大小，用 <、=、> 記錄比較的結果，並使用視覺化分數的模式論證結論。

貳、利用單位化解分數除法問題

分數是國小課程相當重要的概念，與除法、比、比例、百分比等概念有很大的關聯性，在數學學習過程中須不斷地強調其重要性，且分數是日後數學發展的根基，如何鞏固學生分數概念的發展就顯得非常重要。然而，從整數運算方式轉換到分數應用的歷程，多數的學生因無法適應及調整，或無法理解分數問題的涵義，以致在學習過程中遇到困難。爲何學校的數學須將焦點置於教導分數的任務，理由在於：

1. 分數是許多教師教學和學生學習最具挑戰的數學議題之一。
2. 對分數正確的理解是有理數推理的一部分，也是成功學習代數必要的能力。

然而分數對師生而言普遍是困難的，常造成學生學習的畏懼，對未來數學概念的進展形成障礙。背誦分數除法算則，已被指出是分數錯誤表現的來源，例如學生面對分數除法問題時，傾向使用乘以除數倒數的算則解題，詢問學生爲何要這樣做，鮮少人理解此規則的應用；在分數除法的概念上也有迷失產生，例如讓其判斷 $24 \div \frac{1}{2}$ 的商，許多師資生認爲會小於 24，因爲受到整數除法結果的影響，認爲會越除越小，然而在分數除數小於 1 時，商會比被除數大。

進行分數除法時，許多教師採取將除數倒數相乘的方式解釋，雖然此種運算方式證明顯示代數符號操弄的精緻性，但未描述學生如何理解分數強調的關係，即在等分除或包含除的情境下，將除數視爲是一個單位量，以它作爲基礎再予以等分的意思。教導學生變成有數學能力之前，教師須理解必要的分數概念與法則，也須能預期學生可能發現有益或混淆事物的任務，協助他們選擇和排序合適的活動，帶領學生進一步做數學的探究，這些能力皆是教導數學時所必要的。因此，師資生在校階段即應以學習者的角色學習這些必要的項目，擁有擬文字題的能力和運用解題的表徵，以分析和解決分數除法的問題。

之前對分數除法概念的內涵，已有許多研究結果發現，可作爲師資培育與教師專業發展的基礎。Ma（1999）提出知識包（knowledge package）的概念，認爲教師的分數除法必須具備如圖 4-14 所含的知識。

圖 4-14

分數除法的知識包

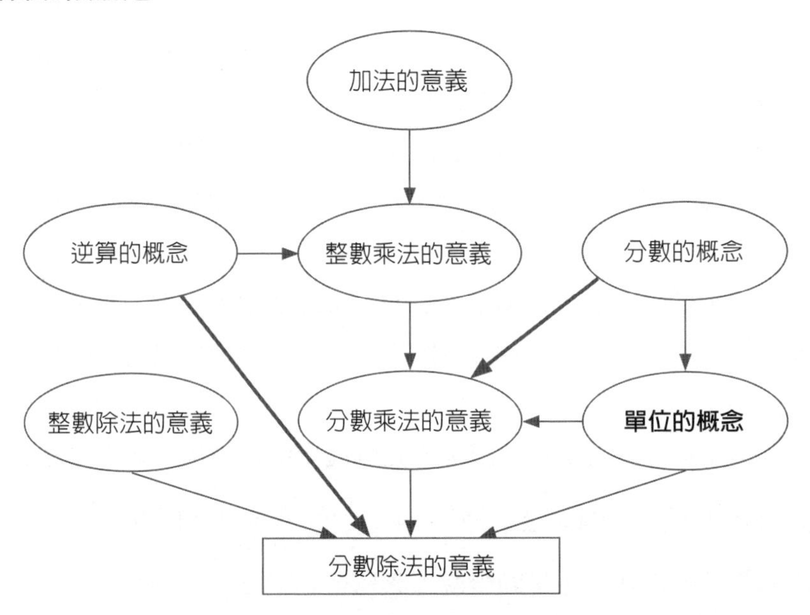

在圖 4-14 的模式裡，理解分數除法概念所需的先備知識可以網絡的方式呈現。最上層包含單位的概念、分數乘法的意義、整數除法的意義與乘除之間逆算的概念，這些任務是建立在像分數概念、整數乘法意義基本任務上；中層網絡的知識皆建立在下層網絡整數加法的知識上。Ma（1999）透過小學教師運用三種不同的除法模式解 $1\frac{3}{4} \div \frac{1}{2}$ 的問題，包含：測量（measurement）、等分除（partitive）、積和因子模式（product-

and-factors）的文字題。$1\frac{3}{4}\div\frac{1}{2}$ 可當成測量模式 $1\frac{3}{4}$ 公尺 $\div\frac{1}{2}$ 公尺，得到 $\frac{7}{2}$；以等分除模式當成 $1\frac{3}{4}$ 公尺 $\div\frac{1}{2}$，以積和因子模式當成 $1\frac{3}{4}$ 平方公尺 $\div\frac{1}{2}$ 公尺得到 $\frac{7}{2}$ 公尺。另外單位和單位化（unit and unitizing）的概念也是重要的知識包，Steffe（2003）將單位化定義爲一種心智的運算，可以處理某物件或某些物件爲一個單位，或是一個整體。以包含除問題：每一湯匙可盛 $\frac{1}{5}$ 公斤的麵粉，那麼 1 袋 6 公斤的麵粉可盛幾個湯匙爲例，學生須能概念化 $\frac{1}{5}$ 公斤當成一個單位，並用它測量 6 公斤；在等分除的問題裡，要求學生將 $1\frac{1}{3}$ 公斤的糖分給 2 人，每人可得的數量？針對此問題可引導學生將 $1\frac{1}{3}$ 公斤分爲兩半各爲 $\frac{2}{3}$ 公斤，即每人可以得到 $\frac{2}{3}$ 公斤。

在未來發展的分數運算歷程，Confrey 等人（2012）進一步描述分數概念的學習軌道，更加強調等分後發展出之單位分數的重要性，將單位分數作爲等值分數、加減乘除運算的基礎。其進程說明如下：

4.A 使用視覺化分數的模式解釋分數 $\frac{a}{b}$ 爲何可以與 $\frac{(n\times a)}{(n\times b)}$ 等值，並注意數字和其所包含的部分即便不同但值仍然相同，利用規則辨識和產出等值分數（如圖 4-15）。

圖 4-15

解釋分數 $\frac{a}{b}$ 爲何可以與 $\frac{(n\times a)}{(n\times b)}$ 等值

$$1.\ \frac{5}{8}=\frac{5\times 2}{8\times 2}=\frac{10}{16}$$

$$2.\ \frac{9}{6}\neq\frac{9\div 3}{6\div 2}=\frac{3}{3}$$

$$3.\ \frac{3}{4}\neq\frac{3+2}{4+2}=\frac{5}{6}$$

4.B 運用不同分母和不同分子的分數，透過創造同分母或同分子的方式，或以某分數例如 $\frac{1}{2}$ 做標的，進行分數大小的比較，明白兩分數只有在同樣大小的分母時，才能正確比較其大小，用 <、=，或是 > 記錄比較的結果，並使用視覺化分數的模式論證結論。

4.C.1 了解分數的加法和減法指涉相同整體中部分的聯合和分割。

4.C.2 運用多種方法將某分數分解成多個相同分母分數的總和，透過方程式記錄，並使用視覺化分數的模式論證分解的結果。

例如：$\frac{2}{3} = \frac{1}{6} + \frac{1}{6} + \frac{1}{6} + \frac{1}{6}$

4.C.3 對於同分母之帶分數加法和減法可以採取等值分數，或透過運算律則及加減法之間的關係而取代。

4.D 解決指涉同一整體或具相同分母之分數加減法的文字題，並透過運用視覺化分數的模式和方程式呈現此問題（圖 4-16）。

圖 4-16

運用視覺化分數的模式和方程式

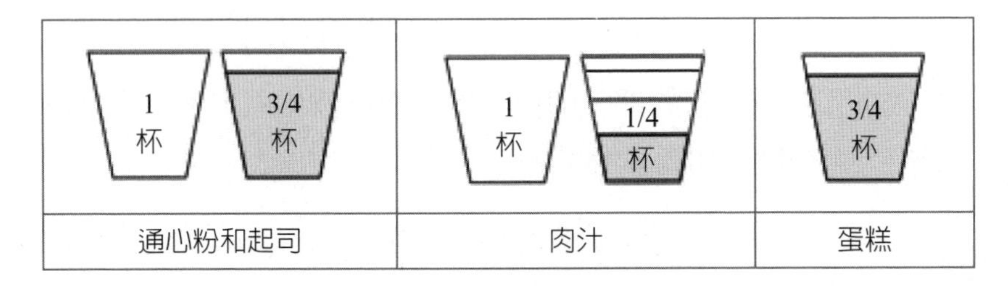

4.E 運用分母爲 10 的方式作爲分母 100 的等值分數表達分數，並運用此技術對分母爲 10 和 100 的分數進行加減。

5.A　針對不同分母分數的加減法（包括帶分數）可用等值分數取代（擴分或約分），產出一總和等值或相同、分母不同的分數（圖4-17）。

圖 4-17

對不同分母分數的加減法（包括帶分數）可用等值分數取代

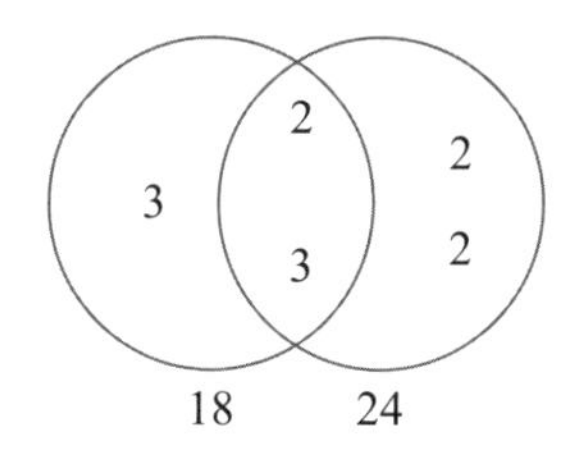

5.B　解決指涉同一整體或具不相同分母之分數加減法的文字題，並透過運用視覺化分數的模式和方程式呈現此問題。使用標的分數與分數的數感進行心算和評估答案的合理性（圖 4-18）。

圖 4-18

運用視覺化分數的模式和方程式

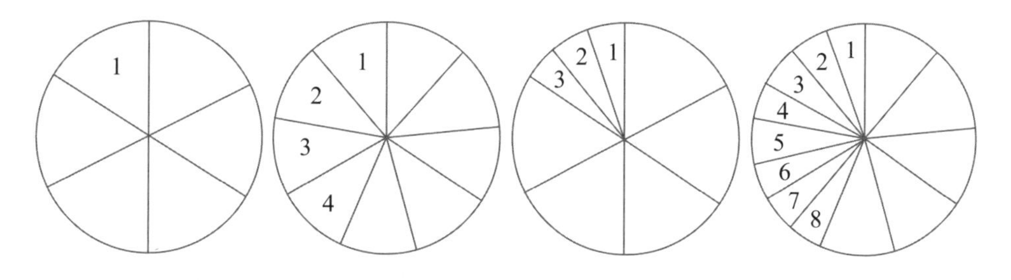

5.C　將分數解釋爲分子除以分母的除法（$\frac{a}{b}=a\div b$），利用視覺化的分數模式或是呈現問題的方程式，解決包含整數除法可以引導成分數或帶分數形式的文字題。

從 Confrey 等人（2012）的學習軌道理論與教學現場實際的發現，經由等分作業至單位分數建立，並利用單位分數至分數四則運算情境解題，其歷程是有困難的，且需要長久的培育才能對分數概念有正確的認識。

總結，透過單位建立學生數學概念後，可透過以下分數教學的策略，協助學生學習分數：

策略 1：提供非規則等分割，以及無法等分之面積、長度和數線作業的機會（等分割的概念）。

策略 2：提供探究、評估與精緻化數學規則和一般化的機會（單位分數的迭代）。

策略 3：提供將等值分數視爲相同數量之不同名稱的機會（擴分和約分概念的建立）。

策略 4：提供改變單位的作業機會（複合單位分數的形成）。

策略 5：提供發展對分數比較任務之重要情境理解的機會（不同情境使用不同分數比較的策略）。

策略 6：提供轉換分數和小數符號之有意義的機會（分數與小數之互換）。

策略 7：提供分數不同表徵的機會（離散量和連續量表徵之轉換）。

策略 8：提供分數比較和推理多元策略的機會（解題流暢性）。

策略 9：提供參與討論和分享數學觀念（即便不完整或不正確）的機會。

策略 10：提供自己的推理和透過不同操作與工具等感覺的技巧（如古氏積木、分數條或生活中的器具）之機會。

由於越來越多的研究詳細說明了學生在其他領域建構和轉換單位的心理活動，乘法推理提供了特別肥沃的土壤，因爲它本質上是單位轉換，並且涉及分數推理中確定的許多相同操作。具體來說，在整數乘法問題的推理中，學生透過迭代 1 的單位來建構複合單位，並將一個複合單位內的單位分布到另一個複合單位內的單位，通常依賴於嵌入和等分割操作將複合單位分解爲更小的單位以方便計算，爲分數知識和乘法推理的共同建構提供進一步的見解。

第五章

表徵：溝通與表現的工具

表徵被認為是傳達思想和數學溝通的中介，以及強大的智力工具，例如圖形、表格、電子表單和傳統公式，是文明發展最強大的智力工具之一，提供我們多種形式的推理。例如如果沒有某種形式的符號代數，就沒有高等數學和定量科學，也就沒有我們所知的技術和現代生活。有效的數學教學重點，在於如何使用各種表徵促進學習。教師在教導數學時注意表徵的使用，如何有效的運用表徵，將是影響學生學習的關鍵（陳嘉皇、梁淑坤，2014）。在學習的歷程中，學生經常對數學解題感到困擾，若要能理解數學概念，則需要教師協助其運用表徵掌握概念的形成和發展，才能獲得成效。因此，常建議教師使用各種表徵來協助引導學生理解數學的意義。Selling（2016）提出表徵是一種創造、溝通和推理的實踐，是一種概念呈現的方式，學生藉此用來理解與運用數學概念，教師在教學上應善用表徵而發展學生表徵的能力。在數學領域中，有效的表徵不僅可以加深學生對數學的理解，更可以連結或擴展數學的概念，學生解題的表徵通常是教師判斷學生對概念理解或誤解的窗口。在課室裡做數學的目標，就是要求學生能夠解決問題，從面對的問題提出解決方案開始，學生在解釋解題歷程必須發現和使用問題中物件具有的屬性，因此，做數學的關鍵特徵包括將問題脈絡情境中給出或獲得的符號表徵轉換為其他符號表徵，將物件轉化為另一種表徵進行思維時才有意義。

第一節　表徵的定義與重要性

壹、表徵的定義

表徵就是替代，使不存在的東西變得可見。在數學教育裡表徵通常可分為內在表徵：例如數學思想或認知方案的抽象或內化（一個人設想未知數的方式），和外在表徵：包括符號、數字或用於象徵、描述、編纂的類似事物，或表徵溝通意圖和目的的想法，在數學中，表徵必須是系統的。

談論表徵就等於談論知識、意義、理解和建模。毫無疑問，這些概念不僅構成了數學學科的核心之一，而且構成了知識論、心理學和其他研究人類認知及其本質、起源和發展的科學與技術的方法，和構思方式多種多樣的原因。由於數學活動的複雜性和模糊性，談論數學知識表徵必然意味著談論數學知識，包含了數學活動、其文化和認知產品及與周圍世界相關的產品。廣義上，表徵也可以視爲「代表」或「呈現」特定對象、概念、心理圖像和／或過程。數學表徵在內在和外在都會發生，以支持推理、解決問題和傳達數學思想。由上述對表徵的說明，可知表徵具有動詞和名詞的性質，在名詞的用法上，表徵代表對象內在的概念或意義；在動詞的用法上，表徵則指利用某些對象呈現其中蘊含的數學概念或意義。不管是動詞或是名詞的運用，表徵是理解數學概念和運算的重要媒介。

「行動原則」（Principles to Action, PtA）（NCTM, 2014）的八個有效教學實踐中，「使用和連接數學表徵」的實踐闡明了教師和學生如何使用表徵形成數學思想能被探索、考慮和證明的工具。PtA 指出「有效的數學教學包括強烈關注使用各種數學表徵」，當學生透過表徵之間的聯繫，學會表達和證明學生的思考時，會表現出更深刻的概念理解。「行動原則」中強調的表徵概念解開了在數學教育中有益表徵發展的豐富歷史，包括學生與教師提出的表徵形式的發明。

貳、表徵的重要性

數學教育界已經開發了一組共享的表徵類別，可由師生在數學學習和解決問題的過程中引入。例如 Lesh、Post 和 Behr（1987）描述了五種表徵形式：語境、視覺、語言、物理和象徵（圖 5-1）。此外，Lesh、Post 和 Behr 指出學生在解決問題時能夠流暢地表達能力的重要性。後來 Lesh 和 Doerr（2003）將這些表徵類別擴展到包括表格和圖形，闡明了表格和圖形表徵在數學教學和學習中的作用。每種模式都用作外在表徵，或者可以傳達給他人的表徵。也就是說，可以看到、感受和／或聽到它們。

圖 5-1

五種表徵與其關係

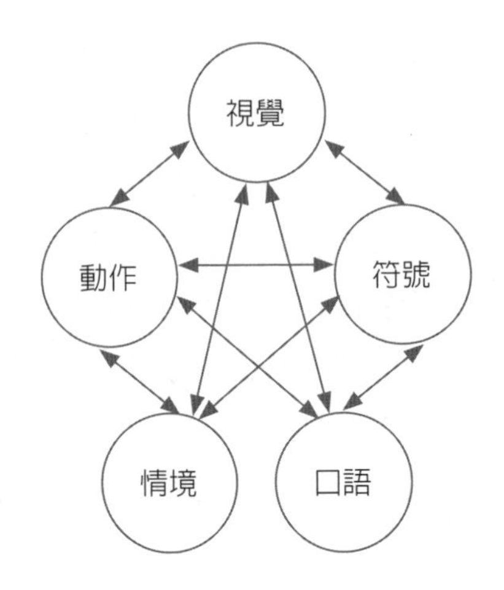

基於兩個原因，關注外在表徵在數學教育上很重要。

1. 作爲一門學科的數學在發展和完善表徵系統方面具有歷史根源，它可協助學生在後續的學習工作、解題與表徵進行溝通分享。
2. 透過數學理解的關注，外在表徵提供了一些關於學生如何推理數學概念、關係和／或符號的見解。換句話說，有一個雙向過程，其中表徵作爲學生內在心理圖像的外在化，同時也作爲學生內化（看或想像）外在表徵的一種方式。

內在／外在的二元性是表徵理論大師 Goldin（2003）的關鍵概念。外在表徵包括傳統的數學符號，例如十進制計數、形式代數符號、數線或笛卡兒坐標表徵。學習環境也包括在內，例如使用具體的操作材料或基於電腦的微觀世界的環境。表徵被認爲是可以代表其他事物（進行符號化、編碼、提供圖像或表徵）的符號、字元或物件的配置。所表徵的物件可以根據脈絡情境或表徵的使用而變化：例如笛卡兒圖可以表徵函數或代數方程式的解集。一些外在表徵主要是符號和形式的，例如計數、代數表達式的書寫、函數表達、導數、積分、程式語言等。其他外在表徵以視覺或圖形方式顯示關係，例如數線、極坐標及幾何圖爲主；日常語言的詞語和表達方式也是外在表徵。上述這些表徵可以表徵和描述物質對象、物理屬性、行爲和關係，或更抽象的對象。

內在表徵包括學生的個人符號化結構和數學符號的意義分配。在這一種類別下，還包括學生的自然語言、學生的視覺圖像和空間表徵、問題解決策略和啟發式，以及學生對數學的影響。內在表徵的認知配置可能與上述外在表徵有結構相似性，也可能沒有，但可以肯定的是能與外在或內在表徵之間建立符號關係。內在認知（或心理）表徵被引入作爲一種理論工具來表徵學生可以從外在表徵建構的複雜認知。它們不能直接觀察到，而是從可觀察的行爲推論出來。

第二節　表徵的功能與作用

壹、表徵的功能

Goldin（2003）所提出的表徵概念雖具有特殊性，但其具有功能，如下所示：

一、表徵配置與另一種配置之間關係的本質變得明確

表徵的配置可以取代、解釋爲、連結到、對應、表示、描述、體現、喚起、標記、連結、意味著、產生、指涉、類似、充當隱喻、表現、代表、替代、建議或象徵所表徵對象的完成。它可能透過物理聯繫或生化、機械或電氣生產過程，或在個別教師或學生的思維中，或憑藉明確商定的慣例或社會群體或文化的默認做法，或根據觀察者開發的模型。關於數學的教學和學習，術語「表徵」和「表徵分解」的方式有以下解釋：

1. 外在的、結構化的物理情況，或物理環境中的一組結構化情況，可以用數學方法描述或視爲體現數學思想。
2. 提出問題或討論數學的語言體現或語言分解，重點在於句法和語義結構特徵。

3. 一種正式的數學構造或構造分解，可以透過符號或符號分解來表徵情況，通常遵循某些公理或符合精確的定義——包括可以表徵其他數學構造的各個方面的數學構造。
4. 從行為或內省推斷出的內在的、個人的認知配置，或此類配置的複雜分解，描述了數學思維和問題解決過程的某些方面。

二、兩個分解之間的表徵關係（符號化或編碼）是可逆的

根據脈絡情境，圖形可以提供二變量方程式的幾何表徵，或者方程式（$x^2+y^2=1$）可以提供笛卡兒座標圖的代數符號表徵。數學表徵不能孤立地理解。方程式或特定公式、方塊的某種排列或座標圖分解中的特定圖形只能作為具有既定意義和約定的更廣泛分解的一部分而獲得意義。「對數學及其學習很重要的表徵分解具有結構，因此分解內的不同表徵彼此之間有著豐富的相關性。」

三、表徵分解都包括配置它的約定，以及與其他數學物件和分解的關係

例如為了解釋數字 12，有必要結合十進位位置編號分解的規則及它與其他編號分解和所有實數分解保持的所有關係。

表徵可以用來當成促進解題歷程不同任務的工具，功能如下：

1. 當成理解問題情境與設定目標所提供資訊的手段，運用表徵當成工具在於協助組合問題中不同的觀點，讓學生可以洞察問題的限制與提供的支援、與彼此之間如何交互作用。
2. 作為記錄工具，某人可運用表徵作為組合問題說明所提供資訊的工具，而非只藏在心裡保留它，表徵可提供一具影響和有效的手段以記錄這些想法。
3. 當成促進概念或探索手中問題的工具，可將表徵的運用當成彈性的策略，讓其可操作手中的概念，以顯示進一步的資訊和問題情境之間的關聯。

4. 當成評量解題進程監控和評估的手段，可運用表徵作爲監控學生解題進程的方式，在選擇隨後的目標和維持或檢視現在的計畫時，進一步做正式的決策。

有效的數學教學重點在於如何使用各種數學表徵（NCTM, 2014），所以表徵對數學教育有著重大的地位，其在課室裡教學提供的功能如下：

1. 溝通：表徵以某種形式來呈現解題的過程，達到溝通的目的，也可以成爲解題前、後步驟的溝通工具。學生除與他人溝通之外，表徵也能和自己溝通，作爲數學活動記錄的工具，用以檢討與反省。
2. 概念的重現：當學生理解某些抽象的數學概念後，可用自己的方式證明對此概念的理解，例如語音、畫圖或符號等方式來重新呈現（Pape & Tchoshanov, 2001）。
3. 理解數學概念：面積、符號等是數學教學上常使用的表徵，它們的功能並不是替代文字、聲音或動作，而是與其並列輔助學生理解數學的概念。
4. 表示等價：透過圖片、符號、標誌在結構上等價的呈現方式。

貳、表徵的作用

當教師規劃教學時，必須檢查並選擇對學生最適當和有用的表徵，有用的表徵模式應可以：

1. 說明包含在表徵內的變項之間的關係，針對數學情境之內在與外在的表徵顯示執行步驟的細節。
2. 建立能呈現既存知識和技巧相關策略的表徵能力，作爲解題結果的預測力。
3. 形成有關學生如何使用與創造內在和外在表徵，以便感知和解題。

運用表徵的策略通常可從文本的記憶，繪畫出某物件的圖像以呈現非文本的訊息表徵，用來複製寫作的文本。事實上，在記憶力與認知的研究上已經顯示了內在表徵策略的運用，可以解釋圖像的回憶和文字的複製。外在表徵和內在表徵之間的互動被認爲是教學的基礎。教學過程的主要關注點集中在學生正在發展的內在表徵的性質上。表徵之間的連結可以基於類比、圖像和隱喻的使用，以及表徵分解之間的結構相似性和差異性。內在表徵總是從它們與外在表徵所產生的相互作用或關於外在表徵的討論中推論出來。考慮到外在代表內在，反之亦然，這是有用的。只要已經開發了各種適當的內在表徵（及它們之間的函數關係），數學概念就已經被學習並且可以應用。舉例來說，在圓的複合圖形裡，常見以下的問題：以正方形四邊作為半徑，A 和圖形對角的 C 點作為圓心，畫出 $\frac{1}{4}$ 圓後得到重疊的灰色圖形 G（圖 5-2），此灰色 G 圖形面積是 228 平方公分（$\pi=3.14$），求此正方形的面積及周長各為？

圖 5-2
圓形複合圖形

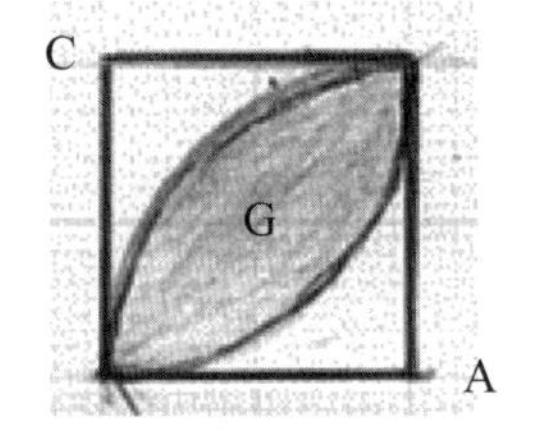

在數學探究歷程要解決此問題，可以透過相關表徵使用而順利解題，首先，師生必須擁有先前學過的「正方形和圓面積公式」、「正方形和圓周長公式」，以及「周長、面積和 $\frac{1}{4}$ 圓的關係」、「半徑、直徑和圓」等相關概念。這些基礎概念構成了學生學習軌道的活動。圖 5-2 是由畫出 $\frac{1}{4}$ 圓後得到重疊的灰色圖形 G，因此解題可由 $\frac{1}{4}$ 圓開始思考。圖 5-2 為一正方形內之內切圓，內切圓的面積為 $A=\pi r^2$，r 為正方形邊長的 $\frac{1}{2}$，由此可得知正形面積為 $2r\times 2r=4r^2$，圓面積與正方形面積的比

值爲 $\frac{4r^2}{4\pi r^2}$，簡化後可得 $\frac{\pi}{4}$，亦即內切圓的面積是正方形的 0.785 倍（$\pi \div 4$）。從內切圓與正方形的切點做等分可得 $\frac{1}{4}$ 圓，$\frac{1}{4}$ 圓（斜線）與小正方形面積的比值仍爲 0.785 倍（$\frac{\pi}{4}$），空白區域面積則占正方形之 0.215 倍（1－0.785）。

透過種種關係的導出，則原題目重疊的灰色圖形 G（圖 5-3）面積則爲正方形面積的 0.57 倍（1－0.215－0.215），空白區域則爲正方形面積的 0.43 倍，現 G 的面積爲 228 平方公分，則正方形面積爲 228÷0.57=400，正方形邊長則爲 20 公分，周長爲 20×4=80 公分，此時則可將正方形邊長視爲半徑，擴展至相同結構的問題進行解題。

圖 5-3

原題目重疊的灰色圖形

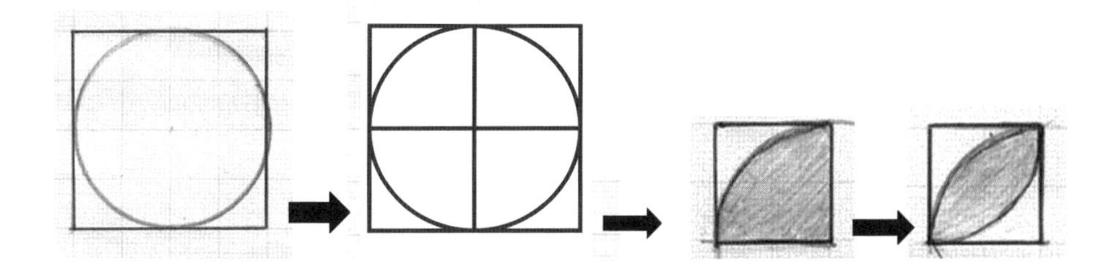

因此我們可以將此類圓的複合圖形面積解題視爲一學習軌道之設計，如圖 5-4 所示，透過步驟逐一求出正方形與其內部圖形面積關係，即能解決複雜之幾何圖形面積及周長的問題（圖 5-4）。

圖 5-4
利用表徵進行圓形複合圖形解題

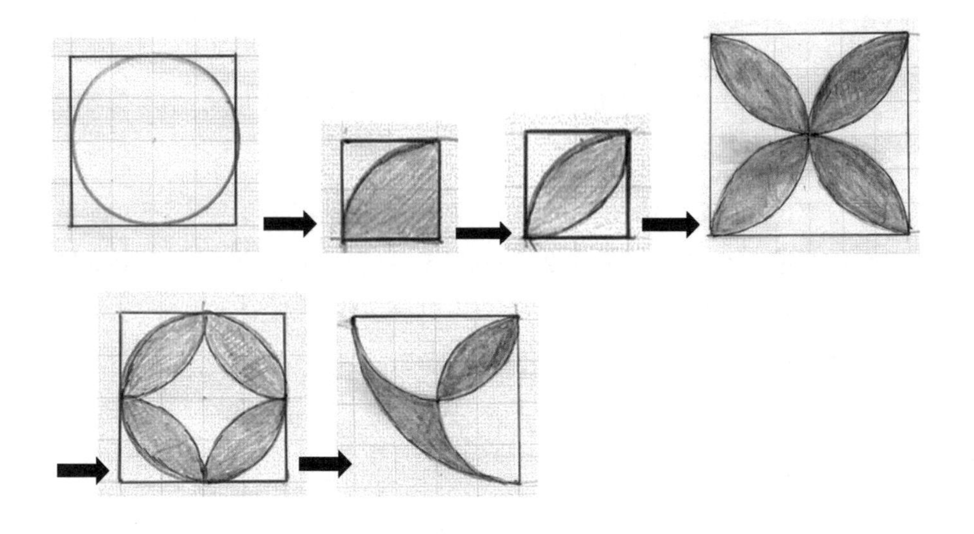

第三節　表徵的類型

由於數學活動的複雜性與多元化，因此，呈現數學概念或執行的歷程，可透過多種表徵來協助教師教學，提升學生數學概念的表現。以下提供數學課室裡或是教科書常用的表徵類型，作爲師生使用參考。

壹、空間圖形的表徵

針對空間圖形，常可見到教材或活動中呈現的表徵，例如網絡類型圖、矩陣類型圖、層次類型圖、部分—整體類型圖。以下將其圖示與使用功能的說明彙整如表 5-1 所示。

表 5-1

四種空間圖形表徵

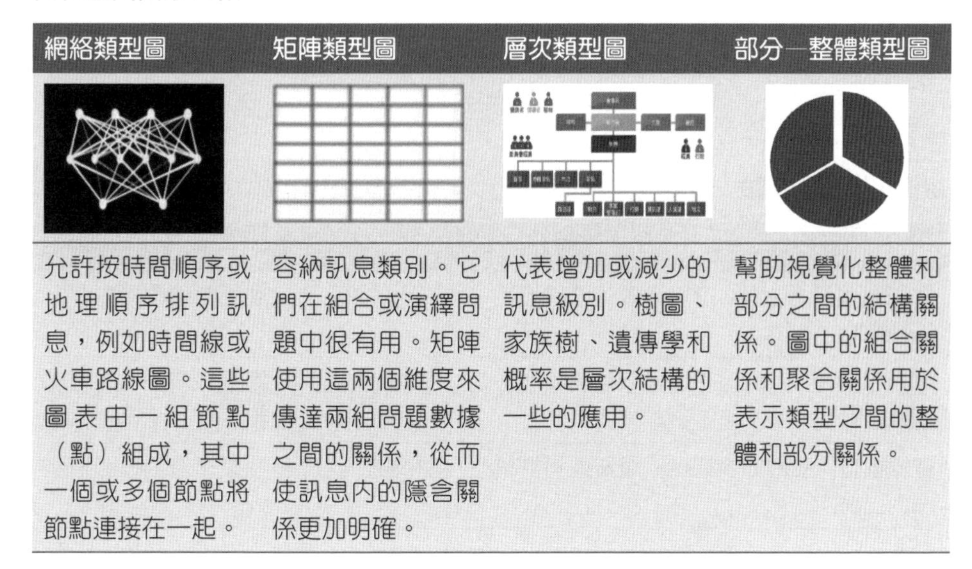

網絡類型圖	矩陣類型圖	層次類型圖	部分—整體類型圖
允許按時間順序或地理順序排列訊息，例如時間線或火車路線圖。這些圖表由一組節點（點）組成，其中一個或多個節點將節點連接在一起。	容納訊息類別。它們在組合或演繹問題中很有用。矩陣使用這兩個維度來傳達兩組問題數據之間的關係，從而使訊息內的隱含關係更加明確。	代表增加或減少的訊息級別。樹圖、家族樹、遺傳學和概率是層次結構的一些的應用。	幫助視覺化整體和部分之間的結構關係。圖中的組合關係和聚合關係用於表示類型之間的整體和部分關係。

貳、視覺模型的表徵

數學學習的過程，涉及視覺化模型的呈現和理解，學生在數學學習時會使用許多解決問題的策略，能夠察覺情境而建立不同的視覺模型以理解問題。研究發現，善於使用視覺模型的學生，具有以下的特徵：

1. 使用頻率較廣。
2. 使用的模型種類較多。
3. 視覺表徵的質量較佳。

而視覺模型操作的策略包含：

1. 處理問題中的訊息。
2. 選擇重要的訊息。
3 確定問題的目標。

Marjorie、Robert、Edwin 和 Caroline（2017）指出，學生可以用面積、離散量和數線三種不同類型的視覺模型用於分數的解題，這三種視覺模型對學生的學習不但重要，挑戰也有所不同，它們如何定義整體？如何定義等分？分數代表的意義什麼？這都是教師在依據情境設計教材時要考量的問題（如表 5-2）。

表 5-2

視覺化模型的種類

視覺化類型	整體的定義	等分	分數代表意義
面積模型（aera model）	由定義域的面積決定	面積相等	整個面積覆蓋的部分
離散量模型（set model）	由定義域的子集合決定	子集合相等	定義域中子集合的數量
數線模型（number line model）	連續的距離或長度單位	距離相等	定義單位到零的距離

一、面積表徵：例如披薩、蛋糕和六形六色教具等皆屬之

面積表徵是將整個區域劃分為相等的部分，這種表徵最常以各種幾何形狀呈現給學生，並且在課程材料和學校教科書中占主導地位。分數圓環是分數教與學中最受歡迎的表徵之一，早期的數學課程中，面積表徵在分數的教學中獲得許多學者和教師的支持，它不但闡明了分數的整體概念，也清楚說明分數的意義（部分相對於整體的大小）。但也有限制，例如：

1. 面積表徵對於處理大分母分數時有著操作上的困難，而且學生經常會將不同大小的部分皆當作一樣的分子。這種侷限性被稱為「模型斷裂點」，說明數學概念的模型效用減小甚至沒有作用。
2. 剛學習分數的學生經常難以等分圓形模型，特別是 $\frac{1}{3}$、$\frac{2}{5}$ 等分母為奇數的分數，因為學生必須考慮圓的中心角。
3. 學生透過圓形模型學習分數，將概念遷移到其他模型上的能力較低，因為圓形結構對整個操作「自動」提供了部分的解釋，並沒有給學生自

己解釋分組和整體結構的機會。

面積表徵確實可以幫助學生看出部分與整體的關係，但難以讓學生活用分數概念，尤其是在非連續量的情況下容易失敗，過度使用這種表徵可能會限制學生的思維。

二、離散量表徵：例如一包彈珠有 10 顆、一罐餅乾有 8 塊等

離散量表徵要求學生將物體的集合視為一個整體，並計算物體集合內的離散子集合，這對學生而言可能會是一個挑戰，因為學生通常會關注離散的子集合數量，但不等於整體上相等集合的數量。舉例來說，一罐餅乾有 10 塊，其中的 4 塊是 $\frac{4}{10}$ 罐，學生經常難以看到 10 塊中的 4 塊，而僅僅專注於看到的 4 塊餅乾。

1. 離散量表徵的優勢：由於學生在學分數前，對整數的先備知識已充足，而離散量的整體與子集合皆是整數，適用性與分數在現實世界中的許多用法相聯繫。
2. 離散量表徵的限制：不建議使用集合模型來教授分數的基本概念和比較分數，因為這牽涉到分數乘法和比率的概念，這些概念都是在學會分數的基礎概念後的課程內容。

三、數線表徵：例如緞帶、分數條和數棒等皆屬之

數線表徵是物件的長度而不是面積，使學生能夠整合分數知識及連續模型中的整數，因為它的連續性幫助學生理解大於 1 的分數，比面積模型中使用的離散整體更容易獲得概念，原因有以下三個：

1. 數線表徵可以幫助學生理解分數是一個數，而不僅僅是一個數字上再堆疊一個數的表示方式。
2. 學習數線表徵後，建立數線就可以看到兩分數之間的大小關係，能順利的與其他數進行比較，比使用面積表徵更直接。
3. 數線讓學生理解，兩個分數之間總是存在另一個分數，可以幫助學生

將數字系統擴展到整數之外。

雖然，數線表徵有上述的優勢，但在操作上，學生很難正確的將給定的分數標示出來，能正確使用數線對學生而言，也是一個挑戰。

分數概念重視讓學生了解部分與整體之間的關係，但分數的部分本身既是實體，又是整體中的數量，這種思維對學生而言難以理解，這凸顯了教師有意識的考慮這些方法是否適當的重要性。許多表徵已有學者探究其應用於學生的學習表現及概念發展，但是各研究所認為優勢之表徵並不一樣，甚至認為不同的表徵在分數學習上有著不同的功能，如果能夠掌握學生學習的優勢表徵便能夠幫助學生學習。

上述三種模型對「整體」的定義說明不一樣，且等分的意義也不同，分數代表的意義也有所差異，各自有適合應用的情境，無論使用哪種視覺化模型，都必須考慮如何定義相等的部分及分數所表示的內容，對於學生而言，了解它們非常重要，因為那代表能成功使用視覺化模型。分數被認為是教學和學習中最具挑戰性的主題之一，深深影響學生的數學發展，因此，可操作性的具體表徵就順理成章地被加以研究，且發現操作的表徵和課程材料有密切的關聯，教師在設計和選擇解題的數學任務時，就需要有目的的選擇表徵。在分數領域中，有效的表徵不僅可以加深學生對分數的理解，更可以連結或擴展分數的概念，學生解題的表徵通常是教師判斷學生對等分、單位或整體不變性等概念理解或誤解的窗口。

第四節　表徵的教學設計

為了讓學生將表徵視為解決問題的一般工具，學生必須在給定的問題情境中考慮適當的特定表徵，並將其與其他可能的表徵進行判斷。此外，學生必須解釋透過表徵突出顯示的基礎數學結構和關係，然後識別維持相應結構的其他數學情境。這樣做需要將數學表徵視為「更廣泛系統的一部分，其中已經建立意義和慣例」，而不是任何特定問題情況的孤立模型。

相應地，學生將表徵視爲模型的能力需要在表徵模式之間移動的靈活性。教師的教學動作提供了展示表徵之間關係的機會，突出了表徵模式中明顯的一般數學結構。

壹、設計表徵發展數學概念

我們經常使用視覺表徵來支持數學思維。數據的視覺化用於統計、代數中的函數圖和幾何中的示意圖——其範例是無限的。教師在課堂中使用視覺表徵，需有以下作爲：

1. 使學生熟悉數學界常用的視覺化約定。
2. 說明抽象的複雜概念。
3. 擴大學生參與數學的工具集合。
4. 利用學生的主觀偏好和專業知識。

視覺表徵與其所指物件之間的關係通常是不透明的，導致難以與它們一起學習，這些困難與表徵設計和判讀的能力有關。表徵困境提出了一個重大的教育挑戰：即學生在學習數學概念時，通常需要使用不熟悉的視覺表徵來學習不熟悉的概念。爲克服這種困境，學生需要表徵能力：使學生能夠使用視覺表徵來推理和解決任務的知識和技能（NRC, 2006）；教師則須具備支持教學設計的表徵能力和準則，其內容彙整概述如表 5-3：

表 5-3

支持教學設計的表徵能力

表徵能力	涉及的知識和技能	表徵能力
視覺理解	將視覺表徵與概念聯繫起來的能力 能夠區分相關和不相關的視覺特徵	1. 提示學生解釋每個視覺表徵如何描述概念 不言自明的解釋（設計準則 1.1） 積極建立對應（設計準則 1.2）

表徵能力	涉及的知識和技能	表徵能力
視覺流暢性	在視覺表徵中能有效地看到意義 接觸感知的區塊	2. 交錯的視覺表徵和活動類型 表徵的多樣性（設計準則 2.1） 活動類型之間經常切換（設計準則 2.2） 表徵之間經常切換（設計準則 2.3）
連接理解	能夠將多個視覺表徵相互連接 能夠解釋視覺表徵之間的異同	3. 提示學生解釋多個視覺表徵之間的對應 口頭解釋不同表徵的視覺特徵如何描繪相應和互補的概念（設計準則 3.1） 積極建立對應（設計準則 3.2） 提供幫助（設計準則 3.3）
連接流暢性	有效地連接多個視覺表徵 接觸多個感知的區塊 在多個視覺表徵之間靈活的切換	4. 讓學生有很多機會在視覺表徵之間進行轉換 要求學生區別和分類視覺表徵（設計準則 4.1） 提供即時的回饋（設計準則 4.2） 表徵形式多樣化（設計準則 4.3）

貳、表徵設計原則

一、支持視覺理解：提示學生解釋每種視覺表徵如何描繪概念

根據學習認知理論，意義建構能力的獲得涉及一種特定類型的學習過程：即意義建構的過程。意義形成過程通常是口頭調解的，因爲它們涉及對視覺表徵描述概念相關訊息的原則的解釋。另一特質是這些訊息很明確，學生必須有意識地參與其中。爲了幫助學生參與意義建構過程，教學介入應該要求學生推理給定的視覺表徵如何描繪訊息。因此建議教學應該讓學生參與明確的意義建構過程，旨在解釋每個視覺表徵如何描繪概念。

如何最好地設計教學材料以增強視覺理解，產生了兩個設計準則：

1. 發現促使學生自我解釋視覺表徵如何與基於文本的解釋相對應是有效的（設計準則 1.1）。爲此，學生被要求自我解釋特定視覺特徵描述的概念（例如圓形圖中陰影部分的數量描述分數的分子），以解釋視覺表徵如何顯示領域相關概念（例如圓形圖顯示一個分數是一個單位的一

部分），或者將視覺表徵中的訊息填充到相同訊息的以文本爲主的版本中（例如將圓形圖中顯示的訊息翻譯成文字題中兩個人共享一個披薩）。自我解釋提示如果幫助學生專注於「爲什麼」的問題，已被證明特別有效，因爲這可能會引發對原則性知識的自我解釋，要求學生自我解釋特定的聯繫，自我解釋提示比開放式提示更有效。

2. 學生應積極建立視覺表徵與學生自己展示的概念之間的關係（設計準則 1.2）。如果學生在視覺表徵和描述目標概念的文本之間積極創建對應，與接受預先製作的對應相比，學生被提示自我解釋數線如何表徵分數原理（數線等分的部分越多，部分變得越小，這解釋分母大小與分數的大小之間的反比關係），會顯示出更高的學習成果。此外，要求學生自己積極建立這些對應，因此，學生必須塡補空白以回應自我解釋提示。

二、支持視覺流暢性：交織多種視覺表徵和活動類型

學生透過參與內隱的、非語言的、歸納的過程來獲得視覺流暢性。流暢性建構過程是歸納式的，因爲它們涉及從許多範例中學習經驗，而無須明確指導。這些過程被認爲是非語言的，因爲它們不需要明確的推理。它們是隱性的，因爲學習過程是無意識的，是從許多例子的經驗中產生的。因此，表徵能力 2 建議教學應該讓學生參與旨在從接觸各種範例中學習內在隱藏的流暢性的建構過程。以下三個設計準則，可以幫助教師讓學生參與到視覺流暢性的建構過程中：

1. 學生應該接觸到大量相同類型視覺表徵的例子，而附帶的特徵會有所不同，且概念上的相關特徵保持不變（設計準則 2.1）。
2. 學生應該經常在使用給定類型視覺表徵的不同活動之間切換（設計準則 2.2）。該設計準則還利用了介入效應：如果學生在各種活動類型中遇到視覺表徵，而給定的表徵提供了有用的訊息，可能會重新活化學生對哪些視覺特徵在概念上經常相關的知識。這種反覆重新活化的過程增加學生以後能夠更輕鬆地回憶起這些知識的可能性，而無須爲此投

入腦力。

3. 學生應該經常在不同類型的視覺表徵之間切換（設計準則 2.3）。每一次轉換都要求學生重新活化關於特定視覺表徵的知識，從而增加學生以後能夠快速接觸該知識的機會。

三、支持連接理解：提示學生解釋多個視覺表徵之間的對應

與視覺理解類似，連接性理解是言語引導的意義建構過程的結果。學生透過參與將一種表徵的視覺特徵，與另一種表徵的視覺特徵相關聯的概念性、口頭引導的意義建構過程來獲得連接性理解，因爲學生展示了有關領域知識的相符的概念。獲得關聯理解所涉及的過程與獲得視覺理解所涉及的過程相似，因爲在這兩種情況下，學生都解釋了概念相關特徵之間的對應。然而，當學生在多個視覺表徵之間建立聯繫時，對應的性質是不同的，因爲它們涉及多個視覺特徵之間的對應，而上面討論的對應是在一個視覺特徵與文本或符號特徵或抽象概念之間的對應。當學生在多個視覺表徵之間建立聯繫時，這些表徵可能共享概念上相關的視覺特徵，但它們也可能共享不相關的表面的特徵，這可能導致學生做出錯誤的連接。因此，學生在多個視覺表徵之間建立聯繫的能力可能至少在某種程度上建立在學生的視覺理解上：學生需要從概念上理解給定的視覺表徵如何表徵訊息，並且必須能夠區分概念上相關的與不相關的視覺特徵。總而言之，表徵能力 3 建議教學應該讓學生參與明確的意義建構過程，旨在解釋多種視覺表徵之間的聯繫：

1. 提示學生解釋這些對應（設計準則 3.1）。爲此，學生在每個問題結束時都會收到不言自明的提示。提示要求學生透過推理它們如何描繪分數來關聯這兩種表徵。
2. 幫助學生積極建立視覺表徵之間的對應（設計準則 3.2）。教師使用範例向學生展示一個工作，該範例使用學生可能更熟悉的視覺表徵來演示如何解決分數問題（例如矩形）。學生完成範例問題的最後一步。工作範例仍在屏幕上，然後學生會看到一個類似的問題，要求學生使用

數線。提示學生使用矩形幫助學生完成數線活動，以鼓勵學生建立相應視覺特徵之間的對應（例如數線中 0 和點之間的部分對應於矩形中的陰影部分，因爲兩個視覺特徵都顯示了分子）。

3. 學生以回饋和按需要提示的形式獲得幫助（設計準則 3.3）。這些提示是關於解決問題的活動以及學生對自我解釋提示的反應。

四、支持連接流暢性：讓學生有很多機會在視覺表徵之間進行轉換

與視覺流暢性一樣，學生透過參與內隱的、非語言的歸納學習過程來獲得連接流暢性。因此，類似於對視覺流暢性的支持，對連接流暢性的支持應該爲學生提供在沒有明確指導的情況下，在許多範例表徵之間進行翻譯的經驗。表徵能力 4 建議教學應該讓學生參與旨在於培養視覺表徵之間進行流暢性轉換的過程。各種領域的感知學習研究爲支持連接流暢性的教學提供了以下設計準則：

1. 學生應該獲得區分和分類多種視覺表徵形式的經驗（設計準則 4.1）。
2. 學生應立即收到有關這些知識和分類活動的回饋（設計準則 4.2）。
3. 學生應該練習許多不同的範例表徵，按順序排列，以便連續的範例強調相關的視覺特徵（設計準則 4.3）。

第五節　表徵的應用

壹、表徵與數量關係的推理

一、數量推理的意涵與要點

數量推理對於發展數學函數的理解至關重要，函數思維是中小學數學課程裡重要的內涵，學生函數思維的困難往往源於數量推理的機會有限，其存在的困難的一種解釋是：函數思維的教學往往缺乏對數量變化推理的關注。如果不關注數量及其關係，學生就不會將函數與學生建模的情況相

關聯，而是依賴於程序性理解。數量推理是設想一種情況、建構數量（使用正式或非正式測量過程測量物件的屬性）及對數量之間關係的推理，數量推理需要對問題進行連貫表示的習慣，考慮所涉及的單位，注意數量的涵義，而不僅僅是如何計算它們，須了解並靈活地使用操作和物件的不同屬性。

數量化是一種心理結構，創造它通常是費力的。數量推理是根據問題情境中涉及的數量和數量之間的關係，來分析問題情境的行爲。數量推理中重要的不是量化（將測量到的數值分配給數量的過程），而是對兩個或多個數量之間關係的推理。Thompson（1993, 1994, 2011）主張數量推理是根據情況所涉及的數量和數量之間的關係來分析問題情況的行爲，指的是學生如何：

1. 創建和使用圖表來推理數量之間或之間的關係。
2. 識別或創建與不同相關比率任務中的數量相關的公式。
3. 評估這些公式以確定數量的數值。
4. 推理數量的單位或涵義。

Thompson（2011）確定三個數量推理理論核心的原則：數量、量化操作和量化（a quantity, a quantitative operation, quantification）。

1. 數量是物件的可測量的屬性，像是物件的重量、長度、面積、體積等

數量範例指的是圓構成的元素、圓的周長、面積和等分後的扇形、圓心角。Thompson（1993）將數量關係推理有關的數量和數值概念加以區分——前者有一個測量單位，而後者沒有。Thompson（1993）評論道：數量被測量時有數值，但不須去測量它們或知道它們的量度來推理它們，以至於可在不改變數量的原始概念的情況下開發各種特定數量。數字不是原始元素，而是用度量單位測量數量的結果（圖 5-5）。例如以百格板當成度量單位以測量物體的面積和體積大小，在傳統的課程中，學生每次遇到新類型的實數（例如分數和無理數）時，常常會遇到困難。在這樣的轉變中，學生們都被迫改變對數的概念以適應這些新的實數類型。建立在測量的基礎上是試圖從一開始就爲所有實數發展一個概念基礎。

圖 5-5

度量單位測量面積及體積的數量大小

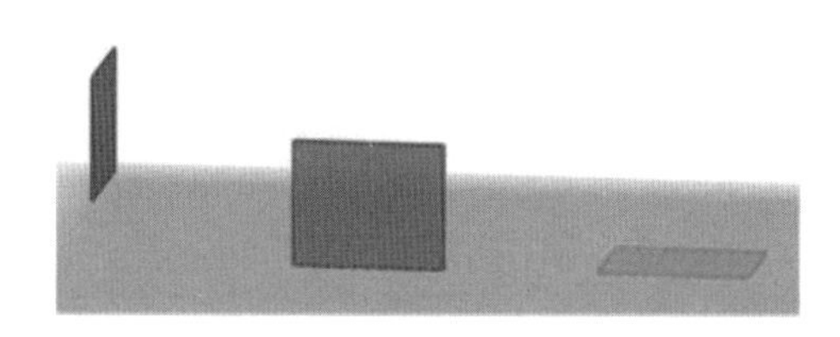
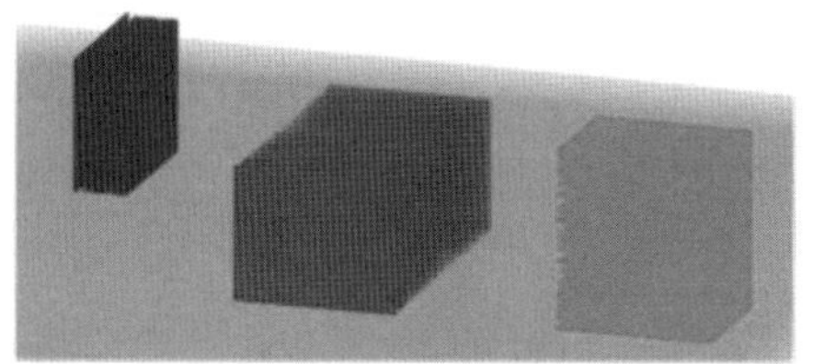

2. 數量操作是從其他量形成新量的過程

例如爲了將乘法理解爲面積的數量化，需要將一個面積的單位（區域量）重新概念化爲一個乘法結構的物件。對於面積概念沒有雙維度的特性，用尺去測量面積是沒有意義的，如果把一個維度變成 n 倍，另一個維度變成 m 倍，那麼得到的面積就是 nm 倍，T(n,1)=nT(1,1) 和 T(1,m)=mT(1,1)。因此 T(n,m)=mnT(1,1)，只有在運用構成面積的物件之覆蓋和計數才有意義。爲了使面積具有比例性，需要發展一個不同的數量，稱之爲面積一乘法創建的數量（圖 5-6）。學生可直接比較具體物體的質量、長度、面積和體積，引入測量是一種間接比較數量的方法，特別注意用不同的單位測量一個數量，以及用不同的單位測量相同的數量如何產生不同的數字，以及不同的數量如何可以用相同的數字表示。

3. 數量化是將數値分配給數量的過程，亦即建立思考的模式

在嘗試數量化更深入地了解本質的過程中，出現了新的認識，就是建立世界眞正運作方式的模型。但是，如果不將學生的模型視爲「按原樣」描繪現實，就無法從事研究。數量化是在頭腦中運作產生的，積極的支持關注學生如何構想情況，提醒學生即使對情況最「明顯」的方面的概念，也可能在重要的方面與我們的方法不同。數量化是一種將數値分配給數量的過程。也就是說，數量化是一個直接或間接測量的過程。人們不需要實際對一個數量進行數量化過程來構思它，數量化概念的先決條件是記住一個過程，對過程的掌握可能會隨著個體重新構想相關的物件和過程而發生變化。學生將速度建構爲一個量，記錄了對運動的漸進概念化之間的辯證

圖 5-6

面積表徵—乘法創建數量

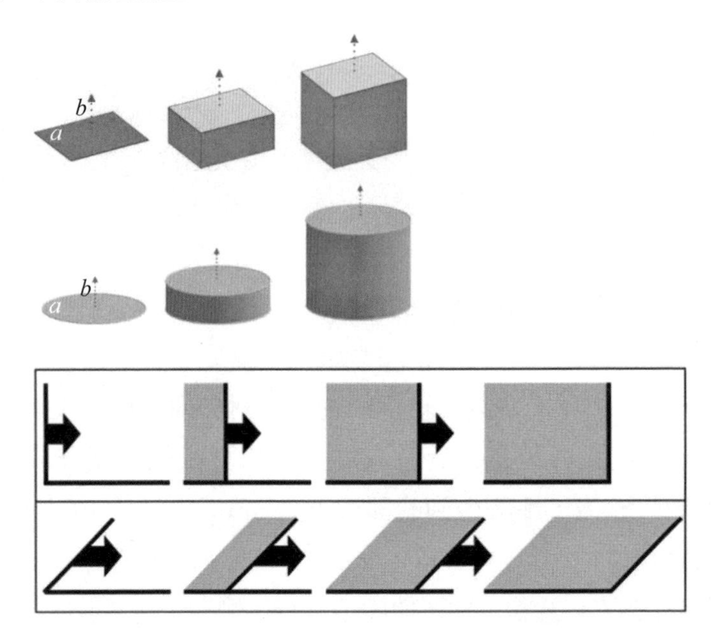

關係，即需要同時積累兩個量（距離和時間）和將同時積累的數量概念化，每一個的概念化——速度作爲一個數量和比例對應，作爲對它的數量化——齊頭並進。

Thompson（1993）假設兩種類型的推理，數量的和數值的。數量推理和典型的數值推理之間的一個主要區別是數量推理不一定涉及數值，人們可以在不知道周長或長度和寬度的特定值的情況下，推理具有固定周長的矩形的邊的可能長度和寬度之間的關係。數量推理涉及對獨立於這些數量的特定數值的數量（例如兩個人的身高）進行推理。這種推理涉及數量操作，其中兩個或更多數量相關以產生新數量（比較兩個人的身高會產生一個新數量，即學生的身高差異）。數值推理涉及評估數量的特定大小（數值）。數量推理的發展尤爲重要，因爲它是對眞實情況進行數學化處理和理解數量之間關係的基礎，從而可以解決問題並提高概念理解能力，它是一般化的基礎，是代數思維的基礎。關於數量化的完整循環，數量化是概念化物件及其屬性的過程，以便屬性具有單位的度量，並且屬性的度量需要與其單位成比例關係（線性、雙線性或多重線性）。如果想制定教學和課程策略，讓學生的數學在處理學生的世界時有用，就必須認眞對待數量化，如果概念化得當，可以使人們做出明智的決定並避免代價高昂的錯誤。

貳、表徵與分數思維

有多種描述分數思維的方法，Steffe 和 Olive（2010）提出的分數方案框架，已被用於描述學生在不同數學情況下對分數的理解的研究，例如筆試和口頭辯論。該框架使用層次結構，通常用於描述學生對分數理解發展的共同進展，這些方案也描述了學生與有理數相關的行爲，第一個分數方案是部分－整體方案，它提供一種產生和概念化任何眞分數的方法，但不一定是假分數（即大於一的分數）；第二個方案被描述爲部分單位分數方案，其中學生也生成分數語言，與部分－整體方案相比。

一、表徵並置比較與轉換

學生透過等分學習分數部分和整體的概念時，常將部分量與整體量的單位搞混，尤其是離散量表徵的呈現，例如：$\frac{1}{2}$ 盒的巧克力有幾顆？「盒」表示整體量的單位，「顆」表示部分量的單位，分數 $\frac{1}{2}$ 是其關係，然而求部分量時會隨著整體 1 裡的內容物產生變化，以致 $\frac{1}{2}$ 和代表的數量分別爲 1 顆、2 顆、3 顆，$\frac{1}{2}$ 此部分和整體的概念，可安排圖 5-7 離散量表徵並置比較和轉換的方式，提供學生視覺化，了解分數 $\frac{1}{2}$ 的概念（灰色區域代表部分），即便都是代表 $\frac{1}{2}$，部分量的大小會因整體量的大小而變化；亦可透過面積表徵如圖 5-8 做此示範，協助學生做部分和整體關係的理解。

圖 5-7

離散量表徵部分和整體疊合比對

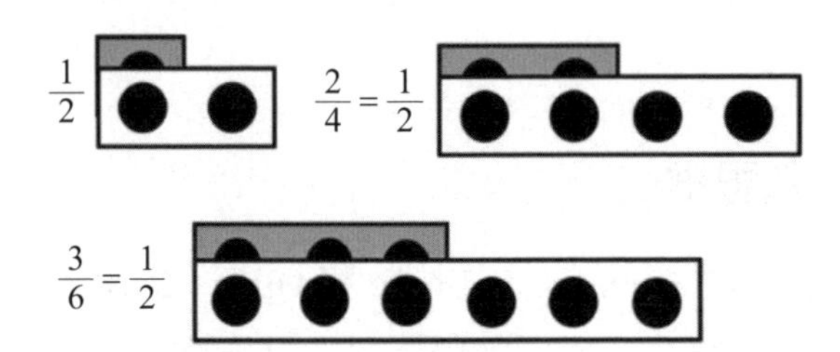

圖 5-8

面積表徵部分和整體疊合比對

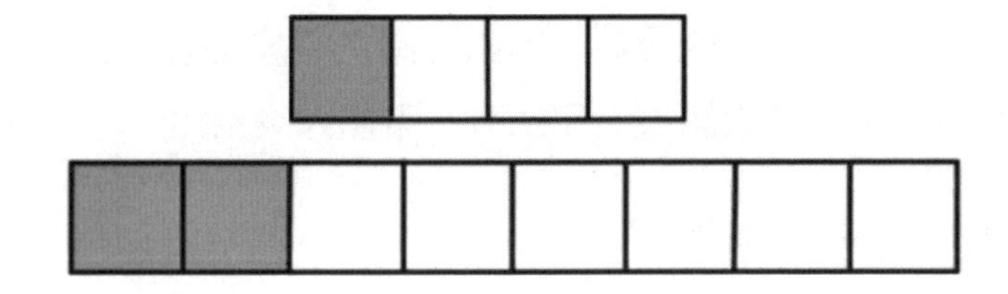

做加法運算時，亦可如圖 5-9 的安排，將面積表徵（a）和數線表徵（b）並置，進行 $\frac{1}{4}+\frac{1}{4}=\frac{2}{4}$ 的說明，此種安排可以協助做表徵上分數意義的轉換和操作，更可促進學生對分數的感覺。

圖 5-9

面積和數線表徵並置協助運算

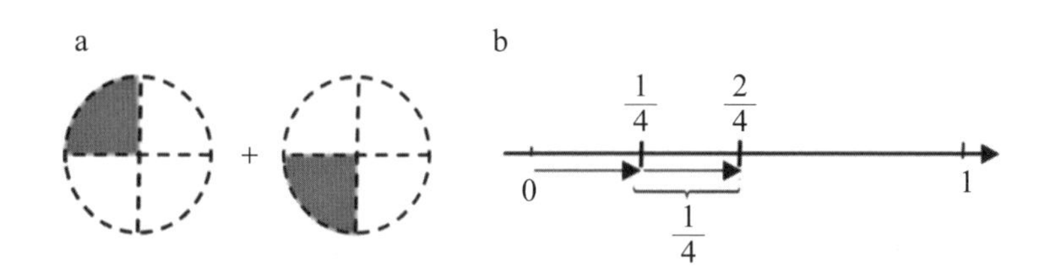

Webb、Boswinkel 和 Dekker（2008）根據學生在分數學習上，對於表徵的使用與理解，提出冰山模型（如圖 5-10），認爲學生以符號表達分數時，對於這個形式符號能以其他的表徵順利的替換，代表學生理解此概念，學生對這些可以替換的表徵形式使用之能力，稱之爲浮動能力（floating capacity）。例如當學生可以寫出 $\frac{3}{4}$ 時，背後對它的解釋可能是 $\frac{3}{4}$ 個圓、$\frac{3}{4}$個蘋果、$\frac{1}{2}+\frac{1}{4}$ 個披薩，甚至是以面積表徵表達 $\frac{3}{4}$ 片巧克力等概念，依情境的不同而改變心理呈現的表徵。

圖 5-10

表徵分數概念的冰山模型

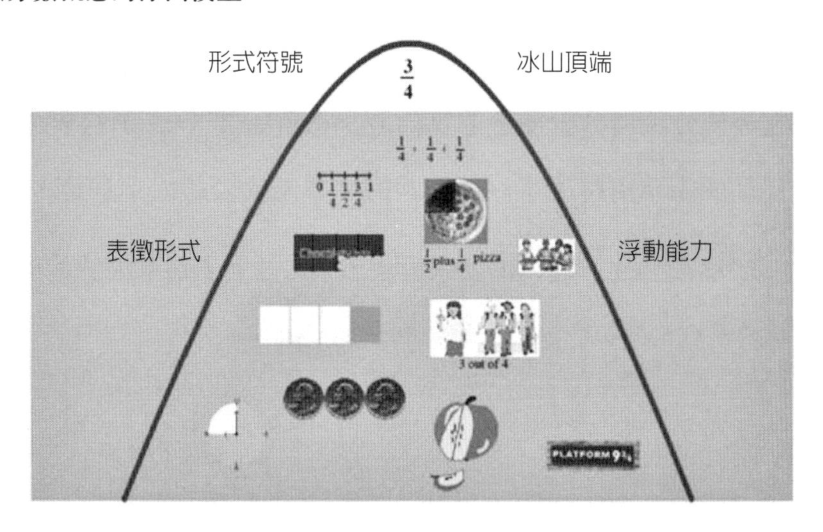

二、表徵改變動態化

分數意義的理解須透過表徵動態的呈現才容易學習，圖 5-11 爲透過牛奶瓶中液體的倒入與倒出，將分數的三種表徵面積（液體的量）、離散量（杯數）與數線（刻度）表徵結合在一起，並透過將液體倒回牛奶瓶的動作，了解單位分數的意義，且透過單位分數的迭代，理解部分和整體 1 的關係，而能透過三種表徵的轉換理解分數代表的意義。

圖 5-11

牛奶倒入與倒出杯子動態呈現分數的變化

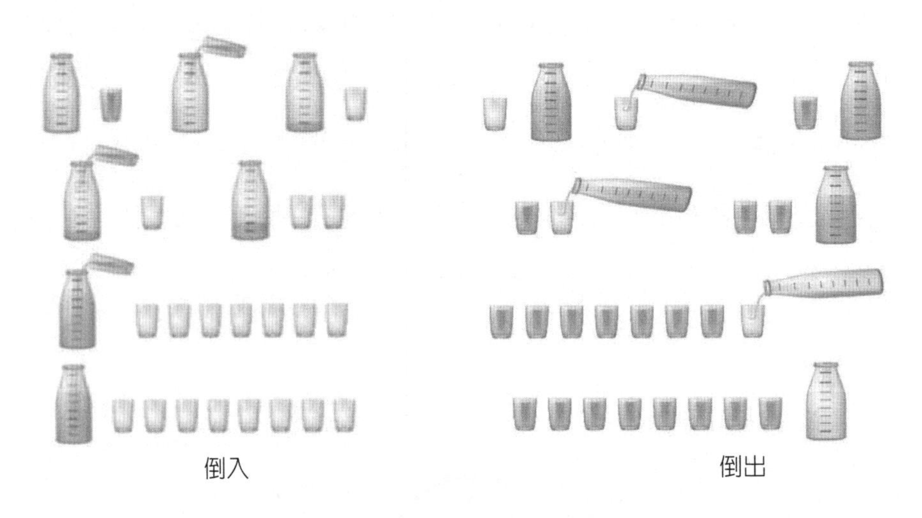

而在等值分數與分數加法運算部分，亦可如圖 5-12 數線表徵的安排，透過箭頭指示引導學生注意分數的位置及代表的大小意義，將 $\frac{1}{4} + \frac{1}{3} = \frac{3}{12} + \frac{4}{12} = \frac{7}{12}$ 運算的結果呈現出來，透過表徵動態式的展現，讓學生更容易結合運算的過程，展示其解題思維。

圖 5-12

數線表徵動態化呈現分數加法運算

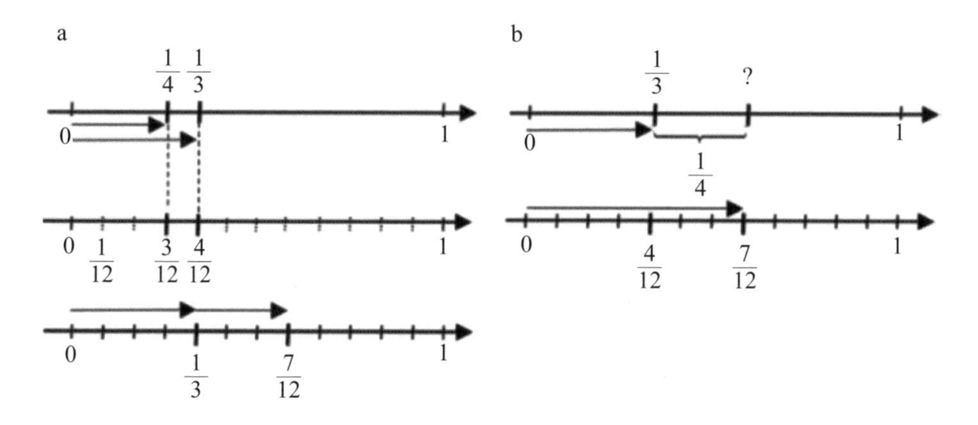

第六節　表徵應用與限制

壹、表徵與理解

對不同系統中表徵的概念進行推理並巧妙地從一個系統「切換」到另一個系統的能力，是一項關鍵的數學技能，與其他技能相關，例如理解和使用不同類型的表徵來表徵數學對象、現象和情況（編碼、解碼、解釋、區分類型）；理解和使用同一概念的不同表徵之間的關係，包括它們的相對合理性和侷限性；選擇表徵系統並從一個系統轉換到另一個系統。美國和 PISA 標準都強調對給定數學思想的各種表徵進行推理和相互轉化的能力的重要性。例如圖 5-13 所示，學生若能理解利用面積表徵的模式可以解決乘法問題，將能利用它至整數、小數、分數甚至多項式相乘的運算。

在數學中，口頭交流是以日常口頭或書面語言爲主。前者使用停頓、手勢和語調來支持意義，更爲複雜。在書面語言中，其中一些線索是透過標點符號傳達的。例如 2 乘 5，加 8，並不等同於 2，乘 5 加 8。符號表徵是代數的特徵，其中數量之間的關係會用常規符號加以表徵。透過使用典型的算術和代數符號表徵法的數字、字母和符號，這種類型的表徵可以潛在地將代數概念與其初始脈絡情境分開表徵。代數符號的特點是具有高壓縮能力。該語言的這方面使得能夠流暢地透過抽象層次並將複雜的數學思想壓縮爲有效的符號字符串，與此同時，這些特徵使符號寫作對學習者來說非常不透明。符號中固有的大量歧義，雖然對專家有利，但對新手卻很難。

圖 5-13

利用面積進行運算

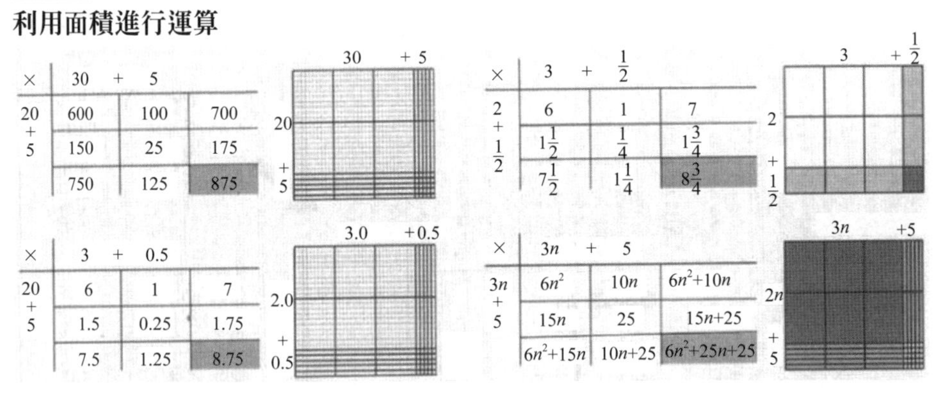

貳、表徵轉換

從一種表徵系統到另一種表徵系統的轉換，包括將以一種數學表徵形式原初編碼的訊息轉換爲另一種目標的表徵形式訊息。Duval（2006）認爲翻譯或轉換，需要在不改變數學對象的情況下改變表徵系統。在這個過程中，數學表徵形式中表達的結構或想法在目標系統中成功地重新表述，例如圖 5-14 教導學生平行四邊形面積公式時，需透過操作與說明分割重組後的長方形與原先平行四邊形物體及其屬性之間的關係。任何此類翻譯必須在語義上一致；即，前者的數學意義必須在後者中準確表達。因此，翻譯轉換的不是表徵本身，而是所表徵的想法或結構。Jupri 和 Drijvers（2016）確定了代數的五個主要困難類別之一是將口頭問題翻譯成數學符號。研究顯示，要成功地從口頭語言翻譯成代數符號，學生必須理解符號的意義、它們在單詞中描述的相互依賴關係及符號表徵中體現的句法。其他可能在符號表徵中產生錯誤的障礙包括語言技能薄弱或不存在，或隨之而來的困難。

圖 5-14
教導學生平行四邊形面積公式

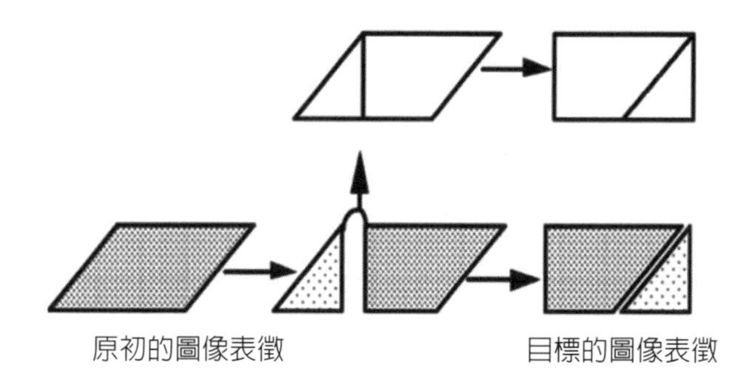

參、表徵的解讀

在表徵解讀時，這三個驗證類別可能與三種類型的學生錯誤相關聯：(1) 實施（implementation）；(2) 解釋（interpretation）；和 (3) 保留（preservation）。第一種錯誤類型通常發生在算法中的一個步驟執行不正確時。當學生錯誤地歸因、表徵或舉例敘述源或目標表徵的屬性或特性時，就會產生解釋錯誤。在保留的類型錯誤中，學生正確地維護了自我識別屬性或屬性的原初編碼和目標表徵之間的語義一致性，但未能確認其他相關屬性也被正確翻譯。Molina（2017）等人提出的錯誤分類將符號 ⇔ 口頭翻譯中的錯誤歸爲以下三個主要說明：

1. 與敘述充分性相關的錯誤包括缺少或存在不必要的符號或單詞。它的子類別是不完整和多餘的。
2. 與算術的錯誤與對符號或運算的誤解有關。包括子類缺少必要和存在不必要的括號及錯誤的運算組：除法—乘法、乘方—乘法、加法—乘法，和除法—乘方。

3. 代數系統相關錯誤，細分爲一般化、特殊化、字母和結構複雜性錯誤。

教師在處理表徵系統之間的翻譯時應該注意，由於代數符號比語言表徵更能概括地描述數字關係，因此代數符號的使用應該在課堂上教導。最有成效的符號使用涉及在不參考它們可能表徵什麼的情況下，在符號的操作之間交替，然後從語義上解釋結果。更具體地說，課堂作業應明確強調代數符號表達意義精確性的重要性，特別是在代數象徵主義方面。有鑒於這種表徵的高度綜合性，需要在脈絡情境下以口頭語言加以描述。這些建議若不加以理會，那麼學生將會很難靈活地使用不同的表徵系統來處理和交流數學思想，從而損害被稱爲「表徵」的數學能力。學生在此處對給定表徵選擇翻譯時面臨的問題，被認爲會妨礙他們流暢地使用數學表徵。因此，課堂工作應系統地包括各種任務，包括與各種系統之間的相互翻譯，以使學生們能夠提高在這方面的表現。

第六章

符號：數學概念理解與溝通的利器

學生對於數學概念的建構方式和理解策略兩者是密不可分的，Ernest（2006）認爲，學習數學在於使學生能夠識別出三個不同的數學世界：(1) 概念的體現（conceptual embodied）；(2) 操作的符號（operational symbolic）；和 (3) 公理化的形式世界（axiomatic formal world）。學習心理學的研究是把數學的學習置入在歷史的情境裡，描述一些核心概念，其中「行動」（action）、「活動」（activity）和「意義」（mean）三者是概念建構和理解策略重要的因素。Sfard（1991）主張數學概念可以在結構上（作爲對象）和操作上（作爲過程）來考慮，這兩種方法雖然表面上不相容，但實際上是互補的。因此，學習的過程被認爲是同一概念的操作概念和結構概念之間的相互作用，操作概念首先出現，然後經由過程的具體化發展結構概念。從操作概念到結構概念的轉變可分爲三個層次排列的過程，即內化（interiorization）、凝聚（condensation）和具體化（reification）。在內化階段，學生變得擅長執行過程；在凝聚階段，越來越有能力將給定的過程作爲一個整體來思考，而無須詳細說明。內化和凝聚是逐漸發生的，具體化則需要本體論的轉變——一種以全新的眼光看待熟悉事物的能力，即符號化的培養（陳嘉皇、梁淑坤，2015）。

越來越多的呼籲要求促進數學課堂中相互連結的知識的建構，這些連結不僅需要將爲單獨課程教授的各個數學分支連結起來，還需要將數學與課程中的其他科目連結起來，強調了將學校數學與學習者的體驗現實連結起來的重要性。符號學作爲對符號的研究，直接影響到數學的教學和學習的兩個重要的部分——建立連結和有意使用符號過程：教師如何使用符號學理論來幫助在數學課堂學習中促進連結的建構？

數學和心理學都是在執行符號特徵的學科，明白此符號工具所應用的人工特質（artificial nature of their instruments），並能思考其在心智結構產出的結果。數學是數學化活動的基礎，也就是組織其自身具體的實證或抽象的心智，運用符號的協助而呈現之，進而發現問題、解決問題，並且運用符號的意義進行思考，在思考下獲得好的數學領域特質。

第一節 符號的定義與學說

壹、符號的意涵

縱觀歷史，「符號」（sign）一詞有多種形式，包括：文字（words）、圖像（pictures）、物體（objects）、訊號（signs）、符碼（codes）、符號（symbolic）（本書以符號一詞統稱）。對符號一詞的引用可以在古希臘語中找到，它似乎與 Semeion 一詞有關，該字詞代表「標記」或「符號」（mark or sign）。知識的表示是指透過語言產生和轉換意義、概念和語言之間的聯繫，使我們能夠參考現實世界或想像世界。

Peirce（1992）使用符號的活動用於指定任何符號的動作或過程，爲了將數學的物件呈現給他人並與之合作，有必要使用符號工具，這些符號工具本身不是數學物件本身，而是以某種方式代表它們。一個基本的例子是一個三角形的圖通常可用來代表三角形。

一個符號可以被認爲是代表其他東西的東西、一個詞、一句話語、一個腳印等。此種符號表徵的行爲通常與身體和心靈中多維度的意義產生相關聯，包括應用文本、電子文本、圖片、電影、聲音等。Markman（1999）在他的研究中提供了四種符號表徵的定義：第一個定義是需要在世界上表示知識，其中表徵（representation）的位置是其區別的焦點；第二個定義是發生在焦點的行爲；第三個定義概述了我們爲了理解代表行爲需要遵循的規則；最後一個定義是指「過程」，是前三個組成部分的組合，所有這些都使我們能夠理解表示的行爲和演示。對「符號」該術語在哲學的文獻裡也提供了四種方法：第一種方法表示描述形式方案（即符號集或一組實體）意義上的表示行爲；第二種方法構成關係，表徵是鏡像或描繪，它構成了一種關係；第三種解釋起源於心理學領域，將表徵視爲描述人類功能行爲的程序或過程；第四種方法是基於一個概念植根於辯證法的二元區分的思想。

貳、符號感

數學學習時經常會面臨使用等號、字母等符號，而使用這些符號和字母的能力及流暢性與學生的學習至關重要。Arcavi（1994）專注於描述和討論說明符號感（symbol sense）所引發的行爲，並主張符號感是一種直觀的感覺，也就是在解決問題的過程中何時使用符號，以及何時放棄並使用更好的符號處理方式之能力。具有符號感是數學學習的核心，教學時應著重於實現符號感，如果可以理解符號系統及系統之間的關係，可以增強符號的理解。符號感的基本原理由六個部分的內涵所組成，如表 6-1 所示：

表 6-1

符號感的特徵

符號感的內涵	表現的特徵
與符號的友好性（friendliness with symbols）	了解何時以及如何使用符號以顯示關係的能力，包括對符號的理解和美感。
操縱和閱讀符號表達的能力（manipulating and reading through symbolic）	對符號進行先驗檢查，以期獲得符號的意義，並對問題進行驗檢，以透過符號操縱來對比涵義的產生。
工程符號表達式（engineering symbolic expressions）	為了解決問題所必需的語言或圖形訊息，並具有對這些符號進行工程設計的能力。
符號的選擇（the choice of symbols）	為問題選擇一種可能符號表示的能力。
檢查實行中符號的涵義（checking for the symbol meanings during implementation of a procedure）	意識到需要檢查文中符號的意義之能力。
脈絡情境中的符號（symbols in context）	可理解符號可以在脈絡情境中扮演不同的角色之能力。

符號感的六個部分之間是緊密聯繫且相互關聯的，換句話說，如果發現學習者的其中一個內涵，那麼他可能會同時顯示其他的內涵。例如如果學習者具有「與符號的友好性」，那麼他也能夠「操縱並閱讀符號表達」

作為相輔相成。因此符號感並不只是單一特徵的展現，而是學生在學習的過程中，將語言和符號形式連結、解釋或創建能力的展現。小學生有機會以有意義的方式使用符號表示法發展符號感，教師要注意到學生對符號的可變性和思考，提供可變符號的長期經驗促進符號感。Arcavi（1994）建議，為了培養符號感，必須強調培養，而不是屈服於我們天生具有數學能力的宿命論。他倡導實施使學生最大化的干預措施，且在人們開始自動使用符號前，鼓勵學習符號涵義的學習材料和課堂實踐。

第二節　符號的學說

由於對於符號的研究充滿了大量的歧義和內容，學者對其構成的元素及歷程亦有不同的見解。茲將影響數學教育有關之學者主張陳述如下：

壹、Hall（2000）的符號鏈

一、符號鏈說明

很明顯的可以理解日常實踐的活動，與學校課堂進行的數學活動至少有以下三種不同的特徵：

1. 兩種環境中的活動目標截然不同。
2. 課堂的話語模式並不反映日常實踐的模式。
3. 數學術語和符號具有明顯不同於日常對話中有用的歧義性和索引性。

符號鏈的框架使用在於透過一個「能指」的符號鏈（chaining of signifiers）來彌合日常實踐活動與學校課堂進行的數學活動這一明顯的差距，讓每個學習的符號「滑入」隨後的「能指」之內。在這個過程中，目標、話語模式及術語相關符號的使用，都以一種保留原始活動的基本結構和某些涵義的方式，朝著課堂數學實踐的方向發展。Saussure（1959）將符號定義為兩種心理結構的組合，稱為「所指」及其「能指」。舉例來說，「所指」可能是一個數學平方數的概念，而平方數這個詞的「圖像」則是一個「能指」。Hall（2000）使用符號鏈，主要在於創建一系列的抽象，但同時仍保留學生日常實踐中的重要關係，這個鏈條的最後一環，是學生想要學習的數學概念。教師可以使用鏈條作爲教學模型及過程，從日常情況開始發展數學概念，並將兩者連結起來。

圖 6-1 中的範例顯示學生的實際體驗建構自己的鏈條，並在課堂實踐中使用這些鏈條。體驗的實體是學生熟悉的口香糖包裝，所欲發展的數學概念是基數 5 的加法。單片口香糖、5 片裝和整個包裝（統稱爲第一個所指）在其結構中分別由單片、5 片整體的集合和 5 個單一的集合（第一個能指）表示或建模：在使用這些符號進行活動（小組或全班討論）後，所利用的教學積木就成爲第二個所指，因爲可用插圖以基數 5 來表示，或用圓圈將積木分組爲 5 個一組的圖畫（第二個能指）。因爲涉及使用數字和其他符號用來捕捉關係，這些成爲第三個所指。在鏈條中的任何一點，都有可能「折回」到鏈條中的先前環節，包括直接回到包裝口香糖本身的結構。

圖 6-1

Hall 的三階段符號鏈

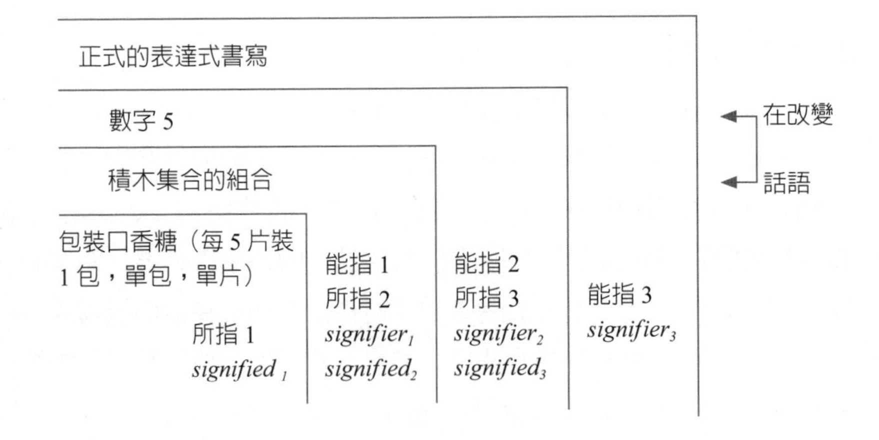

二、符號鏈實踐歷程

在這個描述中，這種轉變需要一個「能指」成爲一個新符號的對象——新的「所指」，Hall以兩種模式研究建構和使用此類符號鏈的過程：

1. 從對學生有意義的日常實踐開始，然後隨著符號鏈的發展會產生哪些數學概念。
2. 專注於要教授的數學概念，然後在學生的日常實踐中尋找一個起點，該起點可在符號鏈鏈接過程的多個環節中引出這一概念。

這種符號鏈的模式適合教師的課堂練習，讓他們對教學大綱有更多的控制權，能夠在課堂數學實踐中成功地使用鏈接。教師構建的鏈條具有跨文化的特徵——橋接兩種或多種文化，或文化內——具有保持在單一文化中的鏈條，這些鏈條可以稱爲「實踐間的話語」和「實踐內的話語」，沿著這樣的鏈條移動進行涉及的話語轉變。舉例來說，實踐間的話語可涉及到課室裡的學生數量、批薩、硬幣、學生運用手勢進行的測量，以及一系列與課堂數學概念相關的步驟。另外，教師可將學生在家庭或活動的生活實踐話語，與課堂數學的不同實踐話語相連結，利用操作工具將鏈條中的中間環節加以連結，而製作出統計圖表。符號鏈的實踐連結模型如圖 6-2（Hall, 2000）。

圖 6-2

符號鏈的實踐相連結

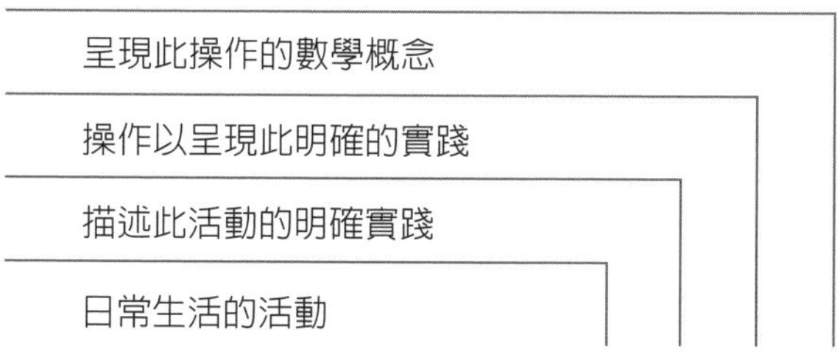

呈現此操作的數學概念
操作以呈現此明確的實踐
描述此活動的明確實踐
日常生活的活動

實踐內，涉及在單一活動的建構，其中涉及數學課上討論的數據。沿符號鏈的連結可以概括爲以下討論：例如棒球比賽→擊球數與擊球次數

→成功率→打擊率。整個鏈條中保留的並不是棒球活動，而僅是課堂上討論棒球活動的各個方面，關於棒球活動進展的課堂討論是鏈條發展的實踐。研究結果顯示，「實踐間」和「實踐內」的符號鏈適用於小學教師，透過與學校數學課程鏈接的符號鏈，促進他們使用學生自己的活動。Hall（2000）教導小學教師在他們的數學課堂上，從學生參與的活動開始，然後進行數據分析，對理解所涉及的過程提供更好的視角。

貳、Peirce（1992）的符號三元論

一、符號三元論說明

符號具有強大的效用，是指文本與其組成部分之間及這些組成部分本身之間的依賴關係（Eco, 1979）。在本體符號學方法中，符號功能被構想出來，解釋了主體（人或機構）根據一定的標準或相應的代碼建立的前對象（表達、能指）和後對象（內容、所指或意義）之間的關係，告知主體在固定情況下應對應的規則（習慣、協議）。表達和內容之間的依賴關係可以是表徵性的（一個物體爲了某種目的而取代另一個物體），也可以是工具性的（一個物體使用另一個或其他物體作爲工具）。意義是任何符號功能的內容，也就是說表達式、能指和內容之間的依賴，或功能關係（內容、所指或意義）的對應關係，由主體（個人或機構）根據不同的標準或相應的代碼建立，例如典型的例子是將定義（內容）與術語（表達式）轉變成相關聯的符號函數。

Peirce（1992）發展了幾種符號類型：(1) 圖像（iconic）；(2) 索引（indexical）；和 (3) 符號（symbolic）。

1. 在圖像符號中，符號媒介和物體具有相似的外觀，例如代表實際人物的人物照片。
2. 如果符號媒介與物體之間存在某種物理聯繫，則符號是索引性的，例如指向道路的路標。
3. 符號的性質是將特定符號載體與其對象相關聯時存在約定的元素（例如

代數利用符號呈現數學結構）。

數學符號的這些區別由於以下三個事實而變得複雜：三個不同的人可能會根據符號解釋將符號媒介與其物件之間的「相同」關係分類爲圖像、索引或符號。在實踐中，區別是微妙的，因爲它們取決於學習者的解釋，以這種方式來看，如果考慮到解釋上的差異，這些區別對研究人員或教師有用，以識別學習者數學概念的微妙之處。

二、符號三元論實踐歷程

Peirce 將符號的三元構成：(1) 表示者（representamen）；(2) 對象（object）；和 (3) 解釋者（interpretant）（如圖 6-3）。

圖 6-3

Peirce 的符號三元論實踐歷程

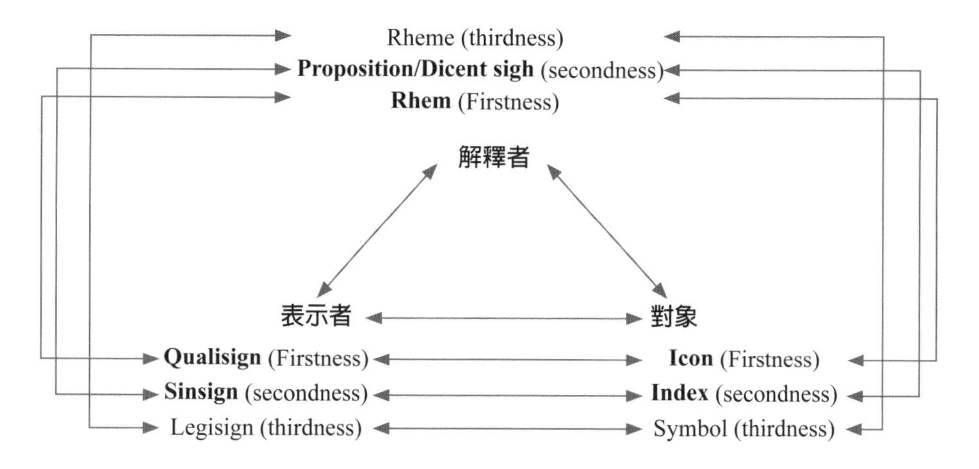

1. 表示者三分法，任何符號都可以分爲以下三種之一：「質符」（qualisign）——一種性質或可能性；「單符」（sinsign）——一個實際的個體事物、事實、事件、狀態等；「型符」（legisign）——一種規範、習慣、規則、法律。
2. 表徵所代表的即其對象，對象三分法：類比符號、指示符號、規約符

號。類比符號與指涉的「對象」樣貌接近，例如狗的圖示就會讓輪廓像狗；照片也可以視爲一種類比符號，而語言中的「狀聲詞」也算是一種像似符號。指示符號與指涉的「對象」有某種關聯，而我們在解讀時是基於這種關聯來了解指涉的對象爲何。規約符號與指涉的「對象」本身毫無關聯，我們是透過某種機制（習慣或社會文化等等）將兩者連結在一起，所以和前兩者符號不同，如果沒有特別學習這種機制，就難以辨識規約符號（圖 6-4）。

圖 6-4

Peirce 的對象三分法

3. 任何符號都可以解釋爲以下三種之一：「呈符」（rheme）類似於術語，以性質方面代表其對象；「申符」（dicisign）類似於命題，以事實方面代表其對象；「論符」（argument）論證性的，以習慣或法則方面來代表其對象。解釋者具有將表象和對象聯合起來的中介功能，三元符號關係被認爲是不可化約的，符號的意義透過解釋項與其對象相關聯；然而，解釋的反應取決於它已經知道的符號屬性。因此，一個符號的意義是不完整的和暫時的，它的交流依賴於解釋者所持的共同點。

另外，Peirce 也闡述了解釋器的功能，其中三個三分法特別有趣：

1. 解釋器分爲「立即解釋器」、「動態解釋器」和「最終解釋器」。Peirce 將解釋器描述如下：關於解釋器，首先，要區分直接解釋項，即在對符號本身的正確理解中所揭示的解釋項，通常稱爲符號的涵義；其次，必須注意動態解釋器，它是符號作爲符號眞正決定的實際效果。最後是暫時稱爲最終解釋者的東西，它指的是符號傾向於表示自身與其物件相關的方式。
2. 在認知層面起作用，將解釋器分爲「情感解釋器」、「能量解釋器」和「邏輯解釋器」。這種三分法可以被認爲是動態解釋的規範。
3. 將解釋者分爲「意向解釋者」、「有效解釋者」和「交際解釋者」（或共同解釋者）。第三個三分法將解釋與交流過程聯繫起來。

關於概念發展的最重要問題是符號傾向於根據實驗事實創造穩定的解釋習慣，根據 Peirce（1992）的說法，符號被認爲包括所有三個組成部分，即表示者、對象和解釋者，大致分別對應於所指、能指。這種解釋涉及意義建構：它是試圖理解其他兩個組成部分，即對象和表徵的關係的結果。Peirce 概念的複雜性和微妙性，帶來了將其用於數學教育中各種研究的機會。在數學教育中的應用，例如讓我們根據圖像、索引和符號工具的三元組來檢查二次方公式。方程式 $ax^2+bx+c=0$ 的根由眾所周知的公式 $X_{1,2}=-b\pm\sqrt{b^2-4ac}/2a$ 給出。因爲使用了符號，所以該公式與其數學對象的解釋關係可以被表徵爲符號，涉及慣例。但是根據文中公式的解釋，該符號也可以被標識爲圖像或索引，它也涉及空間形狀，通常也被解釋爲一個指令：可以將值 a、b 和 c 代入變項執行以求解方程式的操作的指令，從這個意義上講，該公式是索引的。因此，文中公式的符號被分類為圖像符號、索引符號還是符號，是取決於符號的解釋者。

參、Vygotsky（1987）的文化調解理論

一、文化調解理論說明

Vygotsky（1987）認為文化技術的創造，是一種特殊的文化符號和符號系統。符號可透過功能作用描述為：作為調節和自我控制的外部或物質手段，符號用於完成心理操作。學生學會在功能上使用某些符號來實現某種心理操作或其他心理操作，因此，行為的基本形式和原始形式成為調節的文化行為和過程，符號不僅有助於執行任務或解決問題，透過參與學生們的活動，改變了學生們了解世界和自己的方式。

Vygotsky（1987）提供了語言的例子：當研究學生的高級行為功能的過程時，每種高級行為功能在其發展中進入場景兩次，首先是行為的集體形式，作為一種內部心理功能，然後作為一種外部心理功能，作為某種行為方式。「言說」是學生與周圍人之間交流的一種手段，但是當學生開始對自己說話時，這可以看作是集體行為形式向個人行為習慣的轉移。

二、文化調解理論實踐歷程

Bartolini、Bussi 和 Mariotti（2008）專注於符號學調解的概念，特別是在文物和符號的運用情況下。他們區分調解和符號學調解。調解涉及四個詞：(1) 調解的人（調解人）；(2) 被調解的東西；(3) 受調解的人或事；以及 (4) 調解的情況。根據符號的概念化方式，可以在符號學中區分不同的方法：(1) 一種表徵性的方法，其中符號本質上是表示設計；(2) 另一種方法的概念中符號作為中介工具；(3) 辯證唯物主義的方法。在其中，符號和文物的運用是數學活動的基本組成部分，但它們並不代表知識，也不能調解知識。此種符號化的歷程，最終達到客觀化。

客觀化與旨在將某物扔到某人面前，使某物成爲感知對象與動作或意識有關。客觀化的符號學意義手段包括物質數學符號（例如字母、數字、公式和句子、圖形等）、物件、手勢、知覺活動、書面語言、語音、學生和教師的身體位置、節奏等，透過各種感官形式和符號學的協調來運作的，師生在客觀化過程中動員了這些符號。發生這種感覺模式和符號學的複雜協調的聯合工作部分稱爲符號學節點。符號和感官形式相互配合，以使學生注意到在順序方面，掌握並意識到代數結構。構成符號節點的聯合勞動部分包括活動單上的符號、教師的手勢順序、教師和學生同時發音的單詞、教師和學生的協調知覺、學生的身體位置及教師和節奏，將手勢、感知、語音和符號聯繫起來。

肆、Arzarello（2006）符號束理論

一、符號束理論說明

Arzarello 發展了符號束的理論構造。這個概念包括符號和符號系統，例如代數、笛卡兒圖的當代數學符號系統，還包括手勢、書寫、說話和繪圖系統。Arzarello 解釋說，這是由於神經科學研究突出了大腦的感覺運動系統在概念性知識中的作用，以及來自交流和多種方式進行的溝通和表達意義。在這種觀點下，「符號束」被定義爲一個符號系統，該符號系統由一個或多個相互作用的主體產生並隨時間演變。「符號束」由學生或一組學生在解決問題和／或討論數學問題時產生的符號組成。可能教師也參加了這個作品，因此「符號束」還包括教師所產生的符號。例如從標準的代數符號或其他數學符號到具體的符號（例如手勢和注視）。將它們視爲教學和學習過程中的符號學資源，應注意各種各樣的表達方式，透過「符號束」中符號的演變來追蹤學生的學習情況。

二、符號束理論實踐歷程

「符號束」由教師和學生在解決問題中產生的符號組成，在歷程中

注意著符號的演變：觀察學生符號的演變，教師可以從學生的理解中獲得一些線索，因此為了支持學生活動的多模組觀點，可以幫助教師決定是否干預。Duval（2006）的研究顯示符號系統之間的關係背後的複雜性，以及學生在符號之間移動時遇到的困難，認為必須將學生於標準代數符號表示的代數公式的涵義，深深植根於自然語言和感知的含義中。在每種情況下，符號系統都由具有某種結構的材料組成，兩個符號系統之間的關係不是固有的或自然的，而是透過工作建立的。

第三節　數學符號化的歷程

壹、預測到簡化的行動

根據行動心理學的觀點來說，學習總是以人類在情境表現的行為作為基礎，也就是行動。行動可以被定義為：嘗試改變對象之目標導向，針對某些目的使它更具意義。學習歷程一項非常重要的觀點是說明符號化的行動心理學，心理學的質性轉換會發生是關於不同的參數，其中一項是行動表現的範圍。首先行動是探索的、緊張的、猶豫的，一步接一步而簡化（abbreviated），清除掉斷斷續續的探索和方向，在真實表現中，行動者的思慮會越來越少，無須問自己這樣的問題：下一步是什麼？或是我如何處理？行動越來越平順，甚至自動化。簡化的歷程對於辨識行動的發展是一項基礎，也就是行動的目的在於辨識情境、對象或符號，主要在於發現意義。任何辨識歷程的首要階段，常常檢核重要的特徵，伴隨著決策，最後進入到結論。

一、預測

Sfard（1991）強調數學概念的過程—目標（process-object）之二元論，數學符號的過程導向概念先產生，此概念透過一種簡化的步驟逐漸變成數學思考的結構性目標。意義產生是因為符號的指涉，符號真正的指涉對象嗎？對象能被指涉只有在我們能感覺它們，因爲意義包括在對象本身的概念裡，無法透過推論某對象而解釋，例如看見 R 此字母，想到的可能是道路、餐廳、右轉等。

「預測」（predicating）的過程對於處理意義的活動是基礎的，符號總是包含了預測的形式，建議透過獲得指涉對象的意義而行動。轉換對象的描述是一種關於顯示新的對象與和其他對象的區別，這就是一般所謂的預測。思考一些符號與其所呈現的事物之間的關係，是符號學活動基礎的目標。例如「5」此數字代表何種意思？預測是附加額外特質至大家共同注意的對象（像是情境、議題、主題），透過這樣處理，預測提供對注意的對象新的資訊的分享。在個別的層次，預測是一種有規則的心理學歷程，製造了許多思考和溝通的關聯，對於簡化與思想的特質而言是心理學的基礎，反過來可放在一起形成一簡單符號眞正的心理原因。

二、行動

呈現預測之符號的比較，是意義的對話和協商的最基本機制，符號學的活動同時包含了符號的形式與意義的結構兩者。從心理學的觀點來看，數學的活動（數學化）被確信可當成一種符號學活動特殊的類型，從數學化動態概念的推理，數學是一種採用內容和形式互動之基礎發現和歸納的活動。在符號化之行動心理學基礎上，數學所運用的符號（數學的形式），也是提供意義的工具（新內容），以推測數學的對象（既定的與假設的數學內容）。數學化是可以被描述的、另類的，當成省思新概念投射關係與舊內容的活動。數學化包含了思考情境、給予的數學對象、行動者與判斷的意識之間的內在關係。雖然數學符號指涉數學有意義的行動，也可以稱爲關聯某術語之數學意義的精緻化，這種術語的可用性是水平的數學化（horizontal mathematizing）與垂直的數學化（vertical mathematizing）兩者所需，前者指的是數學術語裡的符號化情境，後者是符號化部分的數學結構，提供新的意義並加以預測。

貳、材料的補充作用

意義發展的理論需要藉由「材料或表徵」的理論加以補充，以符號學理論而言，符號在特徵上是不同的，我們可以透過功能進行符號之間的區別，例如：

1. 圖像的符號（iconic signs）：指涉一種符號和指涉之間知覺相似性的推論，例如△代表三角形。
2. 索引的符號（indexical signs）：指涉一種符號和推論之間眞實連結爲基礎的推論，例如抽菸會想到火。
3. 符號（symbols）：指涉符號和推論之間一種以傳統關係爲基礎的推論，例如 × 代表乘號。

根據 Peirce（1992）的說法，依據關係的類型代表對象的符號有不同的種類：圖像（icons）、符號（symbols）與索引（indices）。Peirce 區分了以下類型的符號：

1. 影像是一種立即出現的圖像，可以藉由簡單的相似性質而呈現其物件；圖解是一種具邏輯關係的可能性基模圖像，但它也可能具有索引和符號的功能。
2. 隱喻則被想成是更加聰慧的圖像，其圖像性是以兩個抽象關係之相似性爲基礎。
3. 索引具有一種指示的功能（指出、以實例表示）而被視爲是一種具有意義模式的符號，對於溝通而言是不可缺少的，因爲它強迫將注意力放在特別意圖的對象上，而無須加以描述。索引的符號在認知上扮演非常重要的角色，因爲它將聽者帶入而分享說者的經驗，爲了達到類化的目的，可以透過暗示學生對情境的分析，而調整內在心理的功能到外在心理功能的轉換。

符號提供思想的意義，促使我們創造抽象的意義。任何口語的辯證都是符號的範例，因爲它功能性的提供作爲某種思考的訓練，或是處理數字的某種習慣，任何口語的辯證可以透過術語和命題而建構，術語通常提供作爲某種觀念的激發，它們也被視爲是一種圖像；命題被用來說明事實，因此也被視爲是一種索引，透過術語與命題的傳遞，辯證則是一種推理，符號本身則傳遞了某種行動的規則或激發一般的規則。

進行符號化是一種建立基模的動態活動，符號的媒介才能廣泛地呈現給予的對象，透過這些媒介，符號化直接進入到認知對象的建構，決定事物如何組織與它們的意義是什麼？進行符號化是一種演化的活動，學生的符號是建構在一些相似推論的基礎上，在發生的過程，符號從知覺相似性中被釋放，指涉符號和推論之間以內在理論的關係爲基礎，在此過程，語言扮演一重要角色，當成資源和媒介，提供發展和符號的釋放，讓推論的形式和媒介的形式建立連結。語言爲新符號的形式提供結構的要素，像是文字的組合、片語、命題、文本和隱喻。

學生理解、數學行動以及符號運用及符號創造的樣式，必須建構一執行的步驟。在每個教學的情節上，應該將注意力放在學生從符號的投射（被動的對符號反應）轉移到符號的創新（動態的符號創新與使用），以及用在其數字、數詞、位值結構和數字運算概念化有關符號之調整上。

綜合上述，符號在早期的符號學活動中具有三項重要的功能：

1. 符號指涉一組特殊的行動。
2. 符號可取代行動。
3. 符號提供意義協商的手段。

將數學化當成符號學活動一項特殊的形式是一種複雜的過程，包含融入在意義與符號結構中的許多步驟。

參、表徵的方式

呈現表徵的方式可分爲描述（depiction）和符號化（symbolization）兩種。前者以圖像爲主，後者則以公式爲代表。賦予這些符號和圖像表徵力量的方法，可透過較高層次的結構，即同時呈現不同表徵而建立彼此的關係。表徵內或表徵之間的結構，以及內在和外在表徵之間的符號關係，可將數學的「意義」和「理解」進行編碼。Goldin（2003）認為學生表徵的發展須經三個階段：

1. 創造／符號的（inventive/semiotic）階段：經由先前已建立的表徵推論而賦予內在輪廓結構的意義。
2. 結構發展的階段（a period of structural development）：透過最初賦予的意義而啟動，這些存在於較新系統內的關係，是建構在先前意義的模板上。
3. 自發階段（an autonomous stage）：此時的表徵依照功能情況，彈性配合新意義及新情境，從較早的表徵中分離，此階段可被描述成數學概念的歷史發展。

在符號教學的過程裡，學生能創造符號代表的對象、觀念、事件，以及關係，可稱此為「符號創新」（symbolic initiative）的能力，與只能對行動的投射相較，符號創新能力可以同時創造和運用符號。數學概念的演化與算則的發明，事實上是符號創新的結果，算則的記憶、符號的使用與數學的表徵，在沒有理解它們深層的意義下，就會降低學生認知活動至符號投射的層次。Piaget（1970）則將智力的符號功能定義為：透過某一符號，或是另一對象而呈現某事物的能力。並且視語言、姿勢、模仿以及心智的影像皆具有符號的功能。他也將心智影像當成是朝向符號化的第一個步驟，因為它們要透過對一些目標進一步說明的解釋調節產生。因此，McNeill（2005）將姿勢分成圖像的（iconic）、比喻的（metaphoric）、跳動的（beat）、直證的（deictic）四個層面：

1. 圖像的：呈現具體物或行動影像的姿勢，這些姿勢是關於動作的形式或是呈現具體圖像的語意學相關的事物內容。
2. 比喻的：指呈現抽象的影像，包含運用形式的比喻，例如說話者出現握住某物體並把它呈現，但未呈現物體的意義，而是持某個觀念或記憶或一些抽象的事物，具有圖像的元素與某種比喻。
3. 跳動的：是一種不精細的正式姿勢，僅是手部上下或來回輕打，看起來似乎與言辭的旋律配合，但其意義可能是複雜的，指示說話者感覺到是重要論述中談論某些事物的短暫焦點。

4. 直證的：是指不經思索，伴隨手的動作擴充某物體可補充的意義，而身體各部分或所持物體都可用作補充指示。

在這種結果下，學生呈現出能夠形成符號的連續體，從低層次的符號投射（符號的操弄與反應），前進至較高層次的符號創新（創造與運用符號，以及建構它們之間的關係）。此符號創新的出現需要對下列要素的了解：(1) 呈現的物體、觀念與事件；(2) 選擇用來呈現物體的媒介（符號）；(3) 符號對其本身行爲或他人行爲呈現的效力。Vygotsky（1987）將符號視爲是內在指引的心理的工具，也是影響學生內在活動與行爲，以及他人行爲兩者的力量。

第四節　符號的應用

符號的維度不僅包括符號和符號系統，還包括文物和身體，作爲知識生產中意義創造過程的來源。符號的維度，就像現象學的維度一樣，被覆蓋在認識論一本體論的維度中，透過相關的形式可以適當地處理知識，新的符號系統允許數學家以不同的方式處理普遍性。由於我們可以自由地發明符號和物體作爲表達集合的手段，也就是說，回答「有多少個？」的問題，因此可能的數字系統的集合是無限的。原則上，任何無限的物體集合，無論其性質如何，都可以用作數字系統。以下提供兩個範例，一爲樣式一般化，探討學生如何透過圖形特徵的辨識及元素操作，經由討論與調解後建立一般化之算式；另一則爲十進位制符號建立之探討，作爲數學教育上符號教學與概念發展應用之說明。

壹、樣式一般化符號創新建立代數概念

一般化的許多定義將其視爲一種個體的認知結構，學生將屬性擴展到更廣泛的物件集合。一般化也可以被定義爲分布在特定社會文化背景下多

個主體的集體行為。從這個角度來看，可以關注學生的互動結構如何與其他因素（例如教師動作、任務參與、工具使用和課堂規範）結合。教學實施期望藉由教學提問及學習單的書寫，讓學生學會：

1. 把情境中與數學相關的資料具體化。
2. 觀察圖形之間的關係，並轉化成數學的算式。
3. 利用圖形的數量關係，列出恰當的關係式，進行解題及擴展。
4. 運用解題的各種方法：抽離、一般化、論證和符號運算等。
5. 了解圖形的關係，透過話語實踐給予完整的解釋論述。

教學順序從圖形樣式開始，引入不同的變量。問題按照從簡單到困難的順序進行，題目及作答說明如圖 6-5。

圖 6-5

正六邊形座位安排問題

正六邊形桌子每一邊坐 1 人（如下圖），一張桌子可以坐幾人？

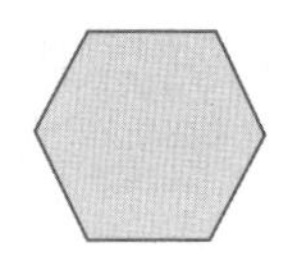

二張正六邊形的桌子合併後（如下圖），可以坐幾人？

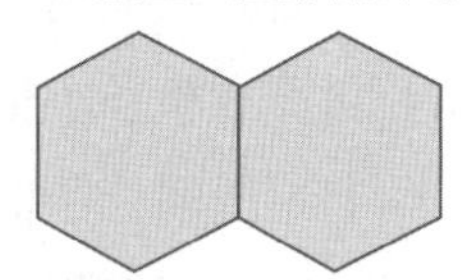

依此排列，N 張正六邊形的桌子合併後（如下圖），可以坐幾人？

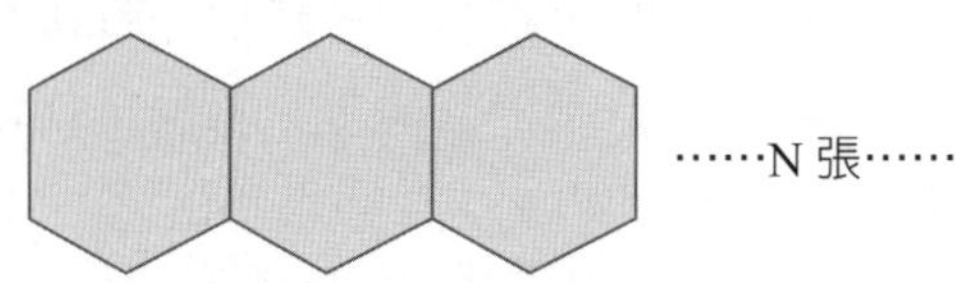

你是怎麼想的？寫下你的表達式，以 T 表示人數，N 表示桌數。

資料分析藉由 Hall（2000）之符號鏈與 Peirce（1992）的符號三元論之學說作為分析架構（圖 6-6）。解題活動由教師先行說明題目內容，引導學生如何觀察後，讓學生進行小組討論，學生將其討論的結果記錄在白板並發表，說明小組的解題方式及想法，至於未知數的部分，教師則觀察各組的討論狀況，適時介入引導。

圖 6-6

樣式一般化之符號鏈分析架構

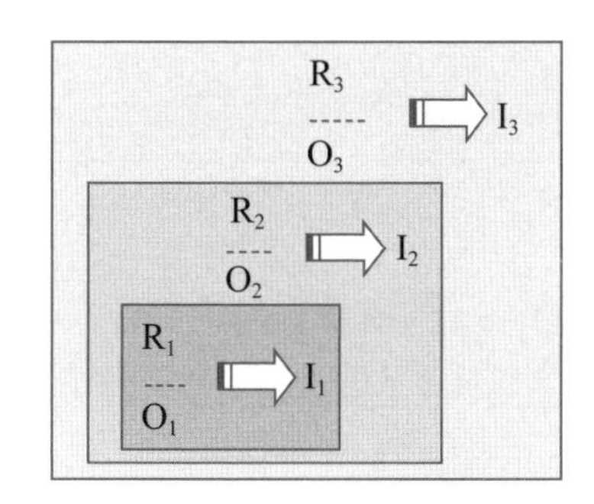

學生經歷推論的歷程，透過文字及算式或畫圖等方式呈現自己的解題策略，並用符號表達最終的公式。針對學生書寫資料或互動時陳述不清的資料加以訪談、了解學生解題歷程所欲表達的解題想法。圖 6-7 顯示出符號串分析的框架。

第一個符號（桌子的排列組合圖像）及其三個組成部分（R_1、O_1 及 I_1）構成第二個物件（50 張桌子排列後可以坐 202 人）；第二個符號構成第三個物件（N 張坐子可坐？人），因此包括第一個和第二個符號。符號 1 本身成為一個物件（O_2）並駐留在第二個符號內；類似地，符號 2 本身成為位於第三個符號內的物件（O_3）。因此，三個巢狀的矩形分別代表符號 1、2 和 3。每個物件都可以被認為是前一個符號中過程的具體化。一旦發生具體化，這個新物件會被表示和解釋——確切地說，與所涉及的辯證過程的循環性質產生共鳴，符號的建構及其解釋也為這個物件的創建提供了訊息。任何符號系統對於它能夠被思考、感受和想像的東西都有一個限制。用心理學術語來說，這一點可以改寫為：在數學普遍性方面達到的意識或意識的形式，隨著符號系統的變化而變化。

圖 6-7

樣式一般化符號轉換的框架

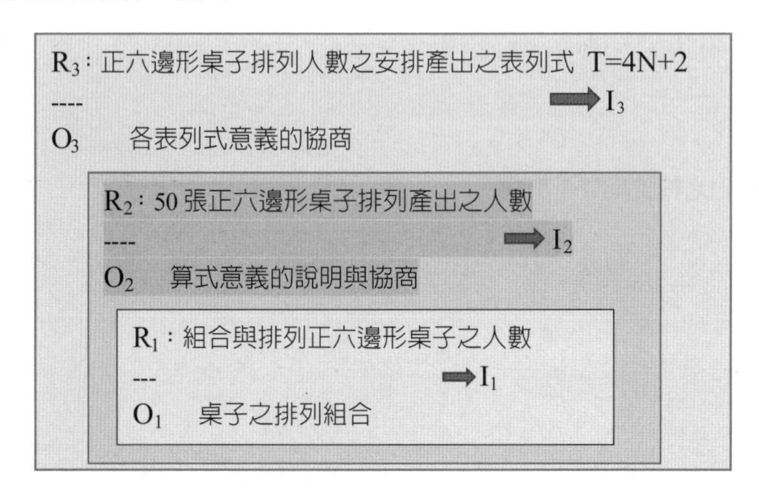

表徵的應用和改變非常複雜，包含知覺的靈活性，能習得「看見幾個樣式並願意放棄一些無法證明代數可用的樣式」。Duval（2006）認爲，學生要明白如何選擇相關的物件特徵和有意義的改變，帶入基本的條件使其更加明確，形成可預期的類型，以順利達成解題的目標。因爲圖形的處理必須能產出代數有用的結構，這種結構的產生和發展可用 Radford（2003）主張的「目標化」（objectification）情境與活動加以取代。Radford 認爲學生在與他人合作的活動，會熟悉歷史建構的文化意義與推理行動的形式。目標化意味使某些事物明顯化，需要使用不同類型的符號和文物（數學符號、圖表、文字、姿勢、計算器等），這些文物或符號可稱爲目標化知識的符號學手段。Radford 爲支持一般化以產出代數符號，指出重點可注意特殊物件的共通性特徵，對隨後的項目進行歸納，提供建構算式有關要素的保證。

學生對數學符號的依賴程度很高：它依賴於符號位置數字系統，和用於基本算術運算以符號爲主的算法過程。如果不考慮符號的作用，就不可能有算術思維的產生。一般化是數學的命脈，而代數是表達通用性的語言，為了學習代數語言，必須感知一些模式或規律性，然後嘗試簡潔地表達它，以便可以將自己的看法傳達給其他人，並用它來回答特定的問題。在這裡，知覺活動起著原始的作用，看、說和記錄是所有數學課程中的重要順序，尤其適用於所有代數的根源。

Blanton 等人（2017）認為代數推理最終涉及到可能使用代數最普遍的文物進行推理，以可變的符號系統為主，提供學習利用字母或數字符號的理由。

符號是心理功能的調解者，正是這種調解概念使符號和構想之間的連續聯繫，尤其是一般化，源於我們向自己和他人表達它們的嘗試，而我們試圖表達它們的嘗試則產生了符號化，這些符號化反過來又有助於建構這些思想，並與原先的思想做連結，從而使概念化和符號化成為形影不離。

貳、本體符號學方法（onto-semiotic approach, OSA）應用於數學教育

本體符號學方法（OSA）提供了豐富的分析工具來檢查學生如何參與代數實踐，特別是抽離和一般化（Radford, 2003）。OSA 缺乏明確的抽離理論化，然而，它提供了抽離過程元素可見的工具（例如明示／非明示和廣泛／強化二元性）。數學實踐被定義為某人在解決數學問題、向他人傳達解決方案、證明答案，並將其推廣到其他情況或問題的過程中使用的任何類型的行動或表徵。OSA 將數學對象廣泛定義為從數學實踐中產生的任何實體，並引入了以下主要對象（圖 6-8）：

1. 語言（linguistic elements）／文物：經由說話、書寫或手勢表達的單詞、表達方式、符號或圖表。在本研究中，物質元素（例如代數圖塊）也包含在這一類別中。
2. 情境（situations）：問題、練習、任務或應用。
3. 概念（concepts）／定義：經由定義或描述給出的數學概念（例如斜率）。

圖 6-8

符號本體論包含的對象

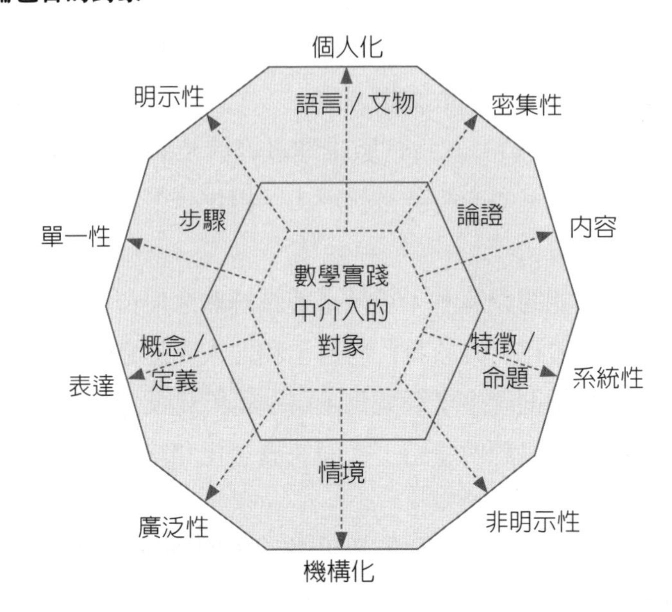

4. 特徵／命題（propositions）：關於概念屬性的陳述。
5. 步驟（procedures）：用於解決問題的算法、計算或技術。
6. 論證（arguments）：用於證明或反駁命題或程序的陳述。

這些主要對象彼此相關，並且可以組合在一起形成配置（configuration）。配置指的是數學對象的網絡，它們經由它們之間形成的關係相互連接。例如學生可以使用幾何圖形和單詞（語言元素）證明（論證）函數關係（概念）的公式（命題），形成關於函數關係的配置。

OSA 從五個雙重方面檢查這些對象，並在適當的情況下與當前的研究建立聯繫：

1. 個人化／機構化（personal/institutional）：個人化的對象是個人數學實踐的結果，而機構化的對象則來自涉及實踐社群（機構）的對話、論證和協議的結果。學校的教師教授的代數內容構成了機構化的數學，而學生對此內容的個人觀念則產生了個人化的數學。
2. 明示性／非明示性（ostensive/non-ostensive）：明示性的對象用物質表

徵來表示（例如顯示線性關係的表格），而非明示性的對象是對制度化的對象採用的心理過程或規則。

3. 廣泛性／密集性（extensive/intensive）：廣泛性的對象是指特定情況下的一般形式範例，密集性是指抽離和一般化的代數實踐，一般化是生成密集對象的過程，在圖形樣式中，抽離過程可以經由識別給定的對象的相似性和特徵來支持一般化。
4. 單一性／系統性（unitary/systemic）：單一的對象被視爲是學習的整個系統，而系統的對象是指可以分解成要研究和學習的部分。
5. 表達／內容（expression/content）：表達是指對數學的對象形成符號函數的式子，此式子中的其中一個對象可以代表另一個對象，此對象是式子的部分內容。

這種雙重方面的對象對於當前的研究特別重要，因爲該研究的重點是表徵。OSA 不同意數學對象除了其不同的表徵之外而存在的觀點，爭論的焦點是數學對象是經由符號相互關聯。符號是能指（表達）和所指（涵義、內容）之間的對應關係。每個對象／表徵對都允許人們使用不同的實踐系統，從而產生對象的新涵義。數學對象之間建立的符號函數的豐富性顯示了主體所創造的意義的豐富性。

OSA 試圖擴展表徵的視野，將對表徵之間轉換的研究轉化爲對物體和過程的配置，以及它們之間的關聯的研究。這些配置包括表達工具以及情境、概念、命題、程序和論證元素。一個對象的意義是透過與該對象相關的不同配置，以及這些配置使之成爲可能的實踐之間的靈活表達來賦予的；每一對的實踐—配置，構成了物體的部分意義。以「配置及其表達」的研究，取代「表徵及其轉換」的分析，意味著對一些經典學習現象的修正。

由於在 OSA 中，對象的學習可以用與學生必須建構的物件相關的部分意義來描述，因此可以在以下能力中觀察到：

1. 透過對應兩種不同部分意義的配置來解決問題。
2. 用新的定義來描述一個對象，提供新的解釋或更有效的行動。

3. 考慮對應於不同配置的兩個命題是等價的。

借鑑 OSA 方法的分析，教師可以探討學生在數學課堂裡的寫作實踐和思維過程的作用：

1. 教師應鼓勵學生將不同的表徵相互聯繫起來，因爲學生建立的符號越多，他們往往會建立更豐富的理解。
2. 抽離過程幫助學生達成一般化。因此，教師可以提出探究性問題，例如符號之間的相似或不同程度，以幫助學生抽離這些術語的特徵。
3. 言語表徵是不同表徵之間相互作用的中心。教師可利用這一發現，要求學生用書面和口頭語言解釋自己的想法，從而支持學生對各種表徵的使用。特別是，用語言描述大量物體的特徵，並將它們與它們在序列中的順序聯繫起來是有幫助的。
4. 不同的表徵促進了不同類型的思維，非明示性的圖形表徵和明示性的位値表徵方法促進了對應思維，而明示性的圖形表徵和明示／非明示性結合的表格促進了加法的思維。爲了促進分析性，教師應幫助學生探索樣式中的結構關係，並幫助他們建立與代數思維相關的對應思維。應鼓勵學生證明他們根據不同策略（包括嘗試和錯誤）推斷出的任何對應關係的合理性。

第七章

視覺化：物件在空間的意義傳遞

學生能夠對數學的樣式（pattern）和結構（structure）加以認識，是數學概念發展的基礎，這樣才能在面對具有樣式和結構的問題下，透過有效的教學，可以識別數字之間的關係、進行繪圖和測量，並參與表徵、對物件的規律性進行一般化、論證和解題。在小學裡，樣式學習的材料促進了諸如創造、複製、變化、描述、證明和操作等能力的運用，能培養操作、建構、排序數學物件或圖形等所獲得的啟示而解題，還可透過數學一般化（generalization）處理表徵或類比方式而應用解題。如 Craine 和 Rubenstein（2009）在《關注變化世界的空間與圖形學》一書中所做的解釋，空間與圖形的視覺化在生活與學術上應用的範圍越來越廣泛，如我們的經驗一樣，數學概念可視化或視覺化（visualization，本文統稱視覺化）的表徵是理解的關鍵。理想情況下，「學習環境應該讓學生有機會了解數學物件的不同表徵形式，以便讓他們形成適當的、多方面的概念圖像。」很多時候，學生只能看到教科書裡經典的範例，而缺乏使用豐富多樣的視覺表現形式的機會。作爲教育工作者，我們不僅可以提供書中常見的視覺範例，還可以提供來自學術（教科書、課程等）和現實世界（自然、日常生活、職業工作量等）的多樣化配置。透過計算產生的視覺化表徵總數量與正確解題總量之間的相關性，發現視覺化表徵的類型與解題表現之間有正相關關係，只有準確的視覺圖像表徵才能增加解題成功的機會，如同在這種視覺表徵類型中，解題者從文字題的文字庫中，推斷出與解決方案相關的元素之間的正確關係，並視覺化地將它們整合到問題的情境中。視覺化在於它將低層次的圖形物件單位經由操作，融合爲一個更高階、統一圖形的趨勢，利用更簡潔的算術進行運算。操作的方式涉及：(1) 能將基本的圖形看作是由點和線的網絡構成；(2) 看到從線條網絡中出現的許多二維或三維圖形，透過幾何圖形點、線和面（區塊）的物件組織，利用合宜的算式進行物件關係的說明。

第一節　視覺化的定義與內涵

壹、視覺化的定義

大多數的數學教育者認識到視覺化和圖形表徵（graphical representations）在數學教育中的有用性，當進入視覺化的領域時，常會看見幾個相關的術語：「視覺推理、想像、空間思維、意象、心智圖像、視覺圖像、空間圖像等」（visual reasoning, imagination, spatial thinking, imagery, mental images, visual images, spatial images, and others）。我們會疑惑爲何會有這麼多的關聯術語產生？原因在於：

1. 心理學家在很久以前就意識到視覺化的重要性，他們已經發展出詳細的理論來建構他們的工作，以及觀察和測試個體視覺化的工具。
2. 視覺化對於比我們最初想像的很多活動都重要，儘管每個專業只對某些特定的能力和環境感興趣，這些能力和環境與他們的研究問題密切相關。
3. 來自不同活動的人可能對同一個詞產生不同的涵義。
4. 視覺化領域如此廣泛和多樣的術語，試圖涵蓋所有領域只用一種概念意涵是不合理的。

「心智圖像」是數學概念或屬性的心智表徵，包含以圖像、圖形或圖表元素爲主的訊息。「視覺化」或視覺思維，是一種使用心智圖像的推理。在數學中，繪圖、數字、圖表或電腦表徵的使用，是課堂日常活動的一部分。與認知心理學家的方法相反，數學教育者認爲心智圖像和外部表徵必須相互作用才能更好地理解和解題，視覺化是這種交互發生的環境。此外，數學中使用的許多心智圖像沒有圖像基礎，因爲它們是以圖表、概念表徵的其他視覺方式，甚至是文本或符號訊息賦予的資訊和意義而解題。

「空間圖像」是個體對空間關係的感覺認知中創造出來的，它可以使用各種語言或圖形的形式來表達，包括圖表、圖片、圖畫、輪廓等，所以強調上述提到空間圖像和外部表徵之間的交互。此外，空間圖像必須是動態的、靈活的和可以操作的。將「空間思維」描述爲一種心智活動形式，可以在解決各種實際和理論問題的過程中，創造空間圖像並操縱它們，包括語言和概念操作，以及一些必要的感知事件所形成的心智意象。圖像是空間思維的基本操作單位，而幾何物件是用於創建和操縱空間圖像的基本材料。

Clements 等（1982）認爲「意象」（image）作爲腦海中的圖像的概念在數學教育中是有效的。「視覺意象」是在頭腦中以畫面形式出現的心智意象。「空間能力」是形成心智圖像並在腦海中操縱這些圖像的能力。Presmeg（1986）建議將「視覺圖像」定義爲描述視覺或空間訊息的心智方案，無論是否需要物件或其他外部表徵的存在。Dreyfus（1995）將「視覺意象」（visual imagery）定義爲使用具有強烈視覺成分的心智意象。這些對心智圖像的廣泛定義，允許擁有多種圖像的可能性。Presmeg（1986）報告了一項旨在建立不同類型視覺圖像的研究結果。她觀察到的這些可以被分類爲：

1. 具體的圖像：如許多人所說的那種「腦海中的圖像」。
2. 圖案圖像：以視覺方式表徵抽象數學關係的圖像。
3. 公式的圖像：一些學生可以在他們的腦海中「看到」一個公式，就像它出現在黑板或教科書上一樣。
4. 動覺圖像：在身體運動的幫助下創建、轉換或交流的圖像。
5. 動態圖像：那些在腦海中移動的圖像。

在詞彙上，Dreyfus 和 Presmeg 定義的心智意象、空間意象和視覺意象可以認爲是基本等價的，視覺化、視覺意象和空間思維等術語也可以認爲是等價的。因此，數學中的「視覺化」視爲一種推理活動，它基於使用視覺或空間元素（無論是心智的還是物理的）來解決問題或證明屬性。

貳、視覺化的內涵

視覺化由四個主要的元素整合而成：(1) 心智圖像；(2) 外部表徵；(3) 視覺化的過程；和 (4) 視覺化能力。「心智圖像」是透過視覺或空間元素對數學概念或屬性進行任何類型的認知表徵。

1. 心智圖像是視覺化的基本元素，通常只需要幾種類型的心智圖像來解決某種任務，例如學生只用具體的、動覺的和動態的圖像來解決提出的任務。
2. 視覺化相關的「外部表徵」是概念或屬性的任何類型的口頭或圖形表徵，包括圖片、繪圖、圖表等，有助於創建或轉換心智圖像並進行視覺推理。
3. 透過具體和視覺性質，動態呈現的圖形可直接幫助學生注意數學的關係。視覺化不僅為圖形樣式發展歸納的過程，它還是必要的數學推理的關鍵組成部分；視覺化不僅有利於說明，而且有利於實際構思。從心理主義的角度來看，視覺化涉及對象／過程的心理建構的過程，學生將這些對象／過程與外部的對象／事件或他們頭腦中的對象／過程聯繫起來，同時創建空間配置和建構圖像（圖畫／具體圖像、圖案、公式、動覺／動態圖像）。
4. 從視覺化的多模態觀點來看，感知、手勢、感覺動作、符號和文物不僅是思維的中介，而且實際上是思維的一部分。一些研究利用視覺化的具體多模態視圖，透過分析學生的利用手勢、姿勢和口頭互動、書面標記和表徵等話語的實踐，來研究學生的數學推理，透過客觀化來實現——數學概念的轉移使某些事情變得明顯。學生若能呈現物件的視覺結構，並使用手勢、書面符號、語言表達等傳達他們所感知的一般性，可為他們的數學推理提供了有價值的見解。

動態呈現的圖形可以幫助學生在視覺上感知功能關係，但圖形表徵本身並不足以產生視覺推理；需要適當的認知活動，以便數字成為有助於學生直觀掌握一般性的重要因素。視覺圖像不僅以有意義的結構組織所蒐集的資料，而且還是指導解決方案分析發展的重要因素，視覺化表現是必不可少的預期手段。學生需要使用視覺化進行歸納，並且需要設計任務以引發數學推理的目的。

第二節　視覺化的歷程

視覺化的「歷程」涉及心智圖像的心智或身體行爲，執行兩個過程：「訊息的視覺解釋」以創建心智圖像，以及「心智圖像的解釋」以生成訊息。Bishop（1983）認識到視覺化須具備兩種能力：

1. 訊息的「視覺處理」（visual processing，簡稱 VP），包括抽象關係和非圖形資料的翻譯、視覺圖像的操作和外推，以及將一個視覺圖像轉換爲另一個視覺圖像。
2.「圖形訊息的解釋」（縮寫爲 IFI），涉及幾何工作、圖形、圖表和各種類型的圖表中使用的視覺約定和空間「詞彙」的知識，即視覺圖像的閱讀和解釋，無論是心智上的還是身體上的，從那裡獲得任何有助於解決問題的相關訊息。

Bishop 將 IFI 和 VP 描述爲人類的能力，能力的描述包括關於它可以被執行的方式或要使用的技能的訊息。過程的描述關於要完成的動作的訊息，但它獨立於在特定情況下執行它的方式。例如作爲 IFI 過程的一部分的心智圖像的旋轉過程，包括將初始圖像轉換爲呈現旋轉發生時或旋轉完成後，看到的相同物件的另一個圖像。執行這種心智旋轉的方式，即使用的能力，取決於旋轉的維度（在平面或空間中）、旋轉中心或軸相對於圖形（內部或外部）的位置、旋轉軸相對於物件的位置（垂直、水平或正交於視覺平面），以及獲得的技能。

Kosslyn（1980）確定了適用於視覺化和心智圖像的四個過程：

1. 從某些訊息中生成心智圖像。
2. 檢查心智圖像以觀察其位置或部分或元素的存在。
3. 透過旋轉、平移、縮放或分解來轉換心智圖像。

4. 使用心智圖像來回答問題。

Kosslyn 也確定了視覺化的三個組成過程：觀察和分析心智圖像、將心智圖像轉換爲其他心智圖像、將心智圖像轉換爲其他類型的訊息。根據要解決的數學問題的特點和創建的圖像，學生應該能夠在幾種視覺能力中進行選擇。這些能力有完全不同的基礎，主要是：

1.「圖形─背景感知」：透過將特定圖形從複雜背景中分離出來以識別特定圖形的能力。
2.「感知恆常性」：識別物體的某些屬性（眞實或在心智圖像中）與大小、顏色、紋理或位置無關的能力，且當物體或圖片以不同方向被感知時保持不混淆的能力。
3.「心智旋轉」：產生動態心智圖像和視覺化運動配置的能力。
4.「空間位置感知」：將物體、圖片或心智圖像與自己聯繫起來的能力。
5.「空間關係感知」：將多個物體、圖片和／或心智圖像相互關聯或同時與自己關聯的能力。
6.「視覺辨別」：比較多個物體、圖片和／或心智圖像以識別它們之間的相似之處和不同之處的能力。

Hoffer（1977）確定了與數學學習相關的幾種生理心智能力：

1. 眼動的協調。
2. 圖形背景感知（figure-ground perception）。
3. 知覺恆常性。
4. 對空間位置的感知。
5. 空間關係的感知。
6. 視覺辨別。
7. 視覺記憶（記住心智圖像或不再看到的物體）。

McGee（1979）總結了先前對空間能力的研究結果，描述了十種不同的能力，分爲兩類：

1. 空間視覺化能力：
   (1) 想像所描繪物體的旋轉的能力，以及物體在空間中位置的相對變化。

(2) 能夠視覺化其中各部分之間存在運動的配置。

(3) 能夠理解三個維度的想像運動，以及操縱想像中的物體的能力。

(4) 能夠將空間圖案的圖像操作或轉換爲其他排列。

2. 空間定位能力：

(1) 確定不同空間物體之間關係的能力。

(2) 從不同角度觀察物體或物體移動時識別物體身分的能力。

(3) 能夠考慮觀察者身體方向至關重要的空間關係。

(4) 感知空間模式並相互比較的能力。

(5) 能夠保持不被可能呈現空間物體的不同方向所迷惑。

(6) 感知空間模式或相對於空間中的物體保持方向的能力。

整合上述 Bishop 和其他人先前定義視覺化的幾個元素，總結表徵數學視覺化的領域，包含了四個主要的元素：心智圖像、外部表徵、過程和視覺化的能力。這些元素部分解釋了教師和學生在使用視覺化作爲數學教學、學習或推理的組成部分時的活動。

第三節　視覺化的發展

壹、視覺化的發展

爲促進對幾何物件特徵的關注，Duval（1998）將視覺化作爲空間與圖形思維路徑的基本組成部分，視爲是連接兩個語域（register）的學習歷程：(1) 圖形的視覺化；和 (2) 用於陳述和推導屬性的語言，換句話說，也就是「看和說」的表現。Duval（1998）說明了視覺化空間與圖形歷程的三種關注：

1. 感知的關注（perceptual apprehension）：對物件特徵與元素的識別。
2. 論述的關注（discursive apprehension）：組織原圖結構的規則與一般化。
3. 操作的關注（operation apprehension）：將物件轉變和重新配置。

Duval 認爲學校幾何課程大部分集中在原圖的思考方式，識別圖形的特徵，但爲了促進視覺（visual）和論述（discursive）的協同作用，可經由算術將圖形樣式或結構予以轉變來實現。視覺化在於它將低層次的圖形物件單位經由操作融合爲一個更高階、統一圖形的趨勢，利用更簡潔的算術進行運算。操作的方式涉及：

1. 能將基本的圖形看作是由點和線的網絡構成。
2. 再看到從線條網絡中出現的許多二維或三維圖形，透過幾何圖形點、線和面（區塊）的物件組織，利用合宜的算式進行物件關係的說明。

空間與圖形樣式的特質，須藉實物的結構來呈現，透過各種圖形實物的拼排（assemble）、翻摺（fold）和疊合（superimposed）等操作活動，領會空間與圖形物件的各種特徵或性質，進而協助產出解題策略。

空間的視覺化被認爲是認知和幾何學之間的一個共同點，空間的視覺化和數學之間也存在著密切的認知過程（Mulligan et al., 2020）。空間的視覺化被定義爲：思考物件在空間呈現的圖形和其排列的過程，例如物體的變形，以及物件和其他實體在空間中的運動。空間的視覺化包含了物件圖形、位置的認知及解題策略的應用。Silver 等人（1995）針對學生在「彈珠問題」的紙筆作業，探討學生解題策略的表現，發現學生會使用：

1. 枚舉（enumeration）：顯示一些物件計數過程的證據，例如一個接一個地計數，以特定方向計數，或透過畫一條連續的線來計數。
2. 發現結構（find-a-structure）：使用等分方式，涉及在每組中放置相同數量的彈珠，或者根據一些方便的排列（例如行、列、對角線或任何這些的組合）形成結構。
3. 改變結構（change-the-structure），以位移的方式將彈珠排列重組，透過繪製的箭頭顯示彈珠的新位置或添加（減去）額外的彈珠以促進計算過程。

另外，Duval（1998）研究學生對於空間與圖形的關注，配置與對物件數量計數時，會有以下認知的關注：

1. 感知的關注（perceive apprehension）：對問題中的物件特徵、元素與數量加以識別，通常以原圖形的構造作爲視覺化的基礎，在算術表徵方面可利用加法或對物件以線性或條狀組合方式計數數量。

2. 論述的關注（discursive apprehension）：以原圖形的結構作爲基礎，會先預想或思索如何分割圖形，並進行更細微的分解，分割成更小的圖形（例如將圖形分割成相同大小的單位，將不規則圖形分解成規則多邊形），以產出更多相同物件數量之區塊空間，並進行規則與一般化的計數。
3. 操作的關注（operation apprehension）：將原圖形利用分割、組合的方式加以轉變和重新配置，例如經由將單一個單位或單位重複組合，或將不同幾何圖形組合成一個連貫的整體，產生一個新的整體圖形（例如旋轉等腰三角形形成一個連貫的整體如六邊形）。

Duval（2017）針對空間的視覺化歷程如何從感知轉化至操作的關注，認爲同一個物件有許多可能的表徵，表徵的多樣性取決於能產出表徵的系統。對於物質材料而言，可以直接地接觸物件本身，也可以與呈現它的不同表徵並置，這說明了不同表徵類型之間的過渡活動可從物件本身的直接經驗中組織起來，與可以產生的表徵相關聯，使學生建構數學的概念。

貳、數學樣式和結構感覺

研究發現，一些學生會自發地尋找樣式、結構和關係，並經由識別數量、物件或關係之間的異同來表達。解釋圖形的共同特徵並注意其中（例如層或等尺寸單位）固有的空間結構的規律性，可識別等價性、交換律和函數思維等數學關係，這些數學思維的綜合特徵可以稱之爲「數學樣式和結構感覺」（awareness of mathematical pattern and structure, AMPS）。AMPS 具有兩個相互依賴的組成部分：

1. 認知—結構知識：在認知發展歷程中，學生對給定的問題會使用各種策略解題，例如使用備用策略（backup strategies）或改變策略以滿足情境需求，策略的可變性不僅適用於計算，而且適用於學生選用的表徵偏好。
2. 後設認知：尋找和分析樣式的傾向，涉及重複、等組、分割和單位化等能力的運用。

AMPS 是發展數學概念的基礎，因為數的發展依賴乘法結構、關注圖形和同一的屬性、側重於單位大小和結構的測量，AMPS 的發展可由圖像所包含物件屬性的刺激，誘發學生操作和操作能力的產出，在歷程中形成關於乘法運算的單位化，最後經由算術一般化解釋空間思維和物件的結構。Clements 等人（2009）提供結構性的圖像讓學生參與組合和分解幾何圖形，活動鼓勵等分和共享概念，專注於簡單的分類及組織，並以圖案的形式發展出對稱的概念，自發地注意和建構對稱的圖形，包含變換的動態視圖：反射（翻轉）、平移（滑動）和旋轉（轉動）及相應的對稱性。空間結構與學生的數學思維息息相關，對於學生的數字、空間或邏輯關係的認知發展皆有重要的影響，惟要求學生對樣式和結構等空間思維合宜的處理和促進，需要有適切的組織方式作為結構發展與思維的基礎。

參、視覺化的任務

在視覺化中有兩種實證研究的任務形式：

1. 教學實驗，學生被要求在有或沒有特定提供的操作情況下執行任務。
2. 分析由一組預先確定的理論生成類型組成的圖形或圖像，包括研究人員選擇並呈現給學生，或直接指示學生對於任務繪製圖表／圖片等。多元方法包含了具體、樣式、動覺和動態意象，或戲劇的、物理的、圖像的、語言的和象徵性的形式配置表徵（dramatic, physical, pictorial, verbal, and symbolic representations）。

這些方法的可用性和易於記錄，將運算化為細微觀察的機會，對視覺空間表徵的有效分析能夠解決形式和功能的問題，同時承認它們之間的相互關係，以及學生實際上與各種表徵元素進行交互和映射的方式。Saundry 和 Nicol（2006）對學生如何製作並與圖像互動進行了詳盡的描述，或在數字處理中使用圖像的不同方式，有效地識別了學生在基本算術推理方面的誤解和部分關注。學生在探索數學關係時所做的視覺空間表徵，常呈現出多樣的、創造性的方式表達數學思維，是一個特別有價值的數據來源，爲早期數學關注和推理提供一個窗口，特別是對數學基礎的類型和結構的認識發展。

第四節 視覺化的應用

壹、整數乘法

視覺上有多種表徵乘法的方法，以及用於對這些表徵和模型進行分類的變體。例如 Finesilver（2017）將單位容器稱爲「被可見邊界包圍的兩個或多個單位的等組」，或將此類表徵稱爲分組問題，或描述爲等分組的任務。從視覺化的觀點，表徵乘法可透過三種主要視覺表徵形式：(1) 集合（set）；(2) 長度（length）；(3) 面積（area）表徵的形式加以演示。儘管存在視覺化表徵乘法的其他方法，但這些方法是小學數學中最常見的方法。此外，這三種主要視覺表徵之間的區別遵循數學教育文獻的當前規範。例如可以透過關注每個圖表的行和列結構來類似地解決表 7-1 中乘法推理的長度表徵和面積表徵。

集合表徵傳達離散的單位，允許將這些單位解釋爲組織成集合（或組）的形式。例如表 7-1 中即和表徵的第一和第二個圖的形式，可能會被解釋成爲 3 組物件，每 1 組中有 4 個單位，或是可看成爲 12 個單獨的單位，這兩者都取決於個人的看法。儘管乘法結構對於成年人來說似乎很明顯，但它不一定是學生所必須推斷的結構。在相同的視覺表現形式上，學生的策略可能會大不相同。

面積表徵法在兩個維度上傳遞了乘法關係。面積表徵與集合表徵的數組模型相似，因爲個人必須考慮行和列的尺寸才能推斷出乘法關係。但是，在傳達連續而不是離散的訊息時，面積表徵可能看起來與長度表徵類似。面積表徵成功傳達連續訊息或長度與寬度的關係的程度與這種表徵的傳達方式相互作用。表 7-1 中面積表徵的第一個範例說明了每個正方形單

表 7-1

乘法推理重要階段概述

	描述	範例
湧現乘法推理 [EMR]	建構一級活動單位。	透過 1 個數到 18 來求解 3×6。
第一個乘法概念 [MC1]	預期一級單位在活動中建構二級單位。	透過 3 個數到 18 來解 3×6。
第二個乘法概念 [MC2]	預期兩級單位在活動中建構三級單位。	從 18 數到 48，十個 3 加上六個 3 來解答 3×16。
第三個乘法概念 [MC3]	預計三級單位可建構多級單位。	透過 3×6+3×10 來求解 3×16

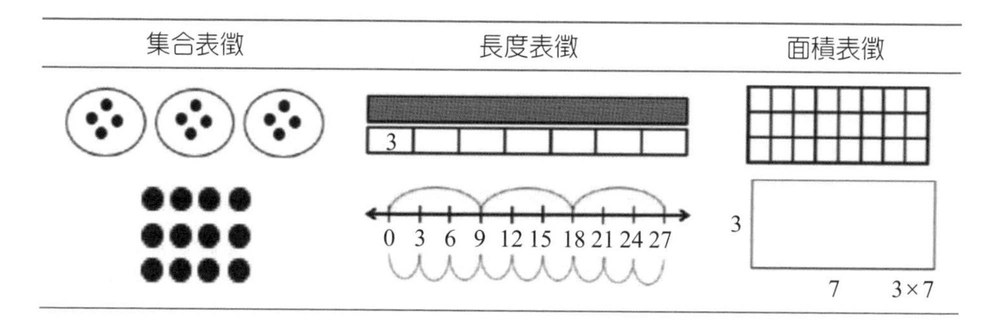

位，而第二個面積範例僅傳達指定的長度和寬度。當為學生提供單獨的正方形單位時，研究人員觀察到一種趨勢是依靠 1 單位測量計數而不是關注表徵中的行或列結構。

Battista 等人（1998）研究了小學生的面積構造，並觀察了與乘法推理相關的幾個不同層次。最初，學生沒有使用「將一行的行或一列的正方形用作合成單位」，而是將單個平鋪正方形計算為 1 個單位。接下來，學生開始使用行或列作為組合單位，「但此組合不能用於覆蓋整個矩形」。而是直接對一些行（或列）進行計數，然後直接進行推斷以估計總面積。在下一級別中，學生認為矩形完全被行或列單位覆蓋。在最終觀察到的水準上，學生適當地使用和計算行 / 列組合單位。同樣，Izsàk（2005）觀察到一些學習在畫有點的紙上用面積模型表徵乘法的學生，傾向於對點進行計數，而不是點之間的間隔來構造其表徵。Izsàk（2005）指出，這種方法不會將行或列作為複合材料處理，因為學生傾向於關注周邊而不是面積。

貳、長度測量

長度表徵傳達彼此相關的數量。例如表 7-1 中的第一長度表徵範例包括與未知長度並列的 3 的長度。在這種情況下，暗示有 7 個 3 的長度與未知長度相同。表 7-1 中所示的「跳躍」在數線下方傳送了 9 個 3s，在數線的上方傳送了 3 個 9s。在兩個範例中，表徵傳達了至少兩個距離或長度之間的關係。在某些實例中，這種並置方式被嵌入相同的長度內。集合表徵包括離散計數，而長度表徵通常但不一定傳達連續的訊息。

在涉及長度表徵的研究中，已觀察到與在集合面積表徵研究中觀察到的策略相似的策略差異。Barrett 和 Clements（2003）觀察到，隨著時間的流逝，學生從事「將較長的段作為較小的單一段的集合，進行迭代建構」。找到任何長度都需要在數字序列和線段之間建立一種關係。這種關係最初涉及計數 1 的協調，但最終過渡到考慮其他單位（較小或較大）的情況，這個過程與乘法關係的發展相互關聯。展示 EMR（乘法概念階段）的學生可以將這些單位以 1 為單位，而具有較高乘法推理水準的學生會將這些單位視為複合單位（Kosko & Singh, 2018, 2019）。相反，數字序列和線段之間的協調在顯示 EMR 的學生中不太明顯，而在乘法推理水準較高的學生中則更明顯。

Kosko（2018, 2019）運用長度表徵法，提出單位協調的特殊複雜性層次結構，與長度單位為複合單位相比，在 EMR 工作的學生更有可能解決提供長度單位為 1 的任務。對這些學生的書面作品的分析證實，當提供的任務與較高的乘法推理水準保持一致時，這種趨勢傾向於以 1s 計數。與 EMR 相似，在解決 MC2 或 MC3 指定的長度表徵任務時，觀察到在 MC1 工作的學生使用不太複雜的策略。

第五節 視覺化與空間思維

Chen與Leung（2024）以Silver等人（1995）的研究（圖7-1）作爲基礎並加以擴展，透過學生對「彈珠問題」的樣式和結構以計數數量，識別（recognitive）幾何圖形及其屬性，運用分割（split）、組合（combine）、重複（repeat）或等分（divide）物件並聯結（join）、單位化（unitize），或重疊（overlap）圖形等操作能力，探索學生的空間思維的視覺化，並透過學生報告說明的方式，要求學生以算式呈現空間思維的視覺化和算術表徵的關係。將算術表徵定義爲：學生針對給予的「彈珠問題」中的物件數量予以組織和排列，或圈選形成相同的子集合，透過數字有規則的遞增（減），映射和轉變成算式呈現計數的思維。學生關注運算之間的聯繫，識別樣式並能關注變量和函數的概念，建立在對數字系統的關注上描述關係並制定一般化。

圖 7-1

「彈珠問題」的樣式（以鑽石形狀取代）

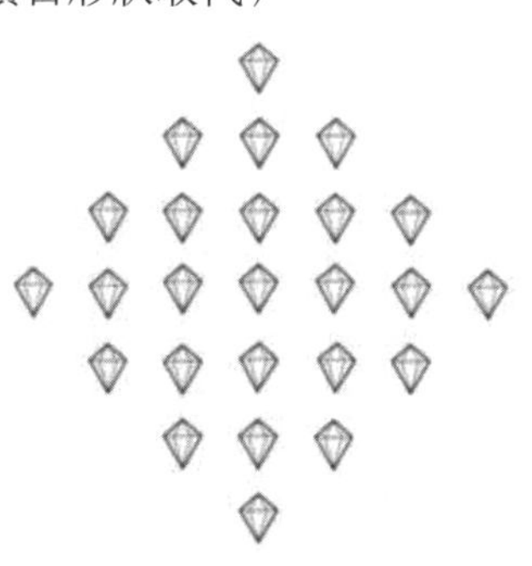

透過單位標記與操作能力的運作，可將分析架構的特徵與學生空間思維表現類型如表7-2所示：

表 7-2

學生視覺空間思維與相關算術表徵類型

方法	圖形結構的辨識	算術表徵
I. 嚴格的結構（Rigid structure）（代數運算，Algebraic operation）	(a) (b) 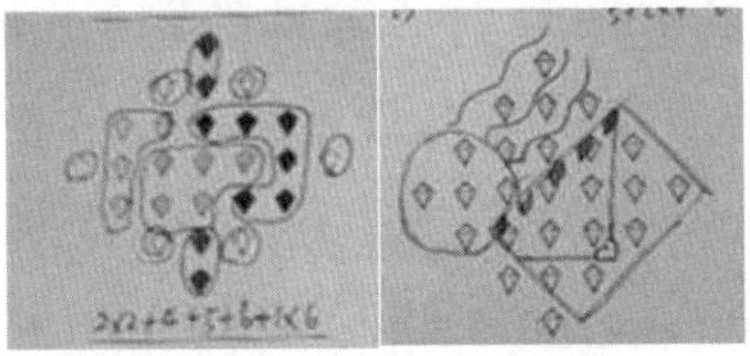	(a) $2\times2+4+5+6+1\times6=25$ (b) $5+4+4+6+6=25$
II. 嚴格的結構（Rigid structure）（邏輯運算，Logical operations）	(a) (b) 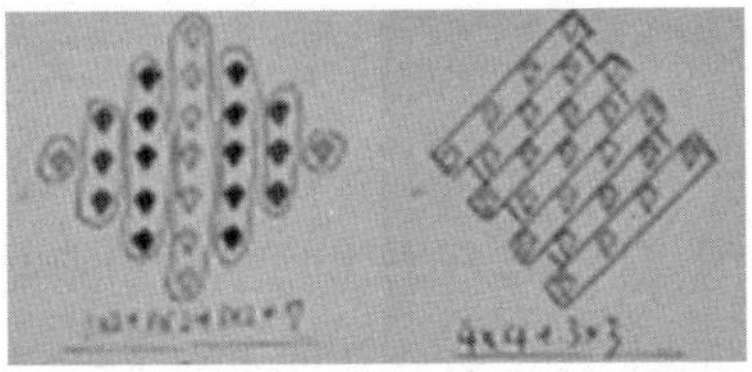	(a) $1+3+5+7+5+3+1=25$ (b) $(4\times4)+(3\times3)=25$
III. 彈性的結構（Flexible structure）（拓樸的運算，Topological operations）	(a) (b) 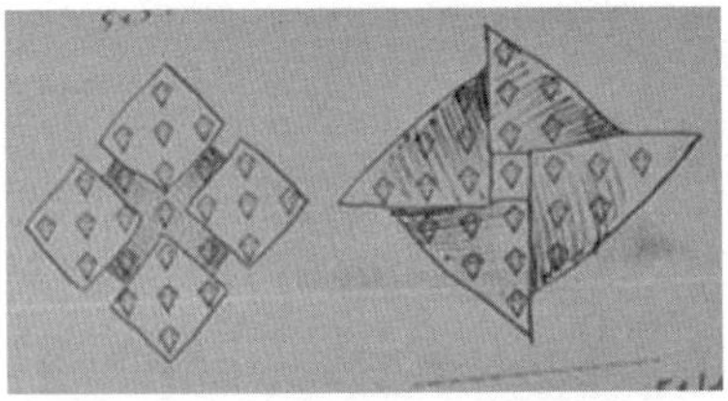	(a) $(5\times4)+5=25$ (b) $6\times4+1=25$
IV. 動態的結構（Dynamic structure）（迭代，Iterating）	(a) (b) 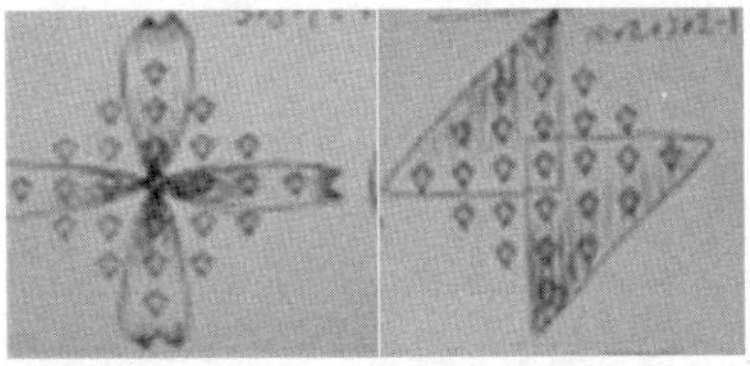	(a) $3\times4+3\times4+1=25$ (b) $10\times2+3\times2-1=25$
V. 動態的結構（Dynamic structure）（生成，Generating）	(a) (b) 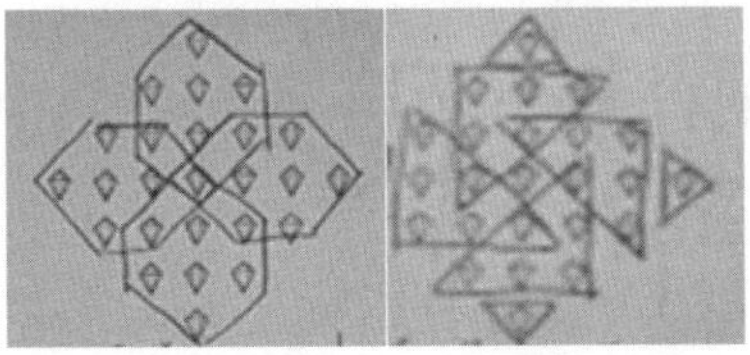	(a) $8\times4-4-4+1=25$ (b) $6\times4-4+5=25$

針對「彈珠問題」，將學生從第一階段至第二階段其視覺空間思維的表現與算術表徵做比較分析，發現學生在作品的表現有明顯的差異，亦即在解題與認知上有所轉變，而其轉變在物件的單位化、對數字的映射以及算術一般化的表現上尤爲顯著。以下針對學生的說明及其作品的分析，歸納顯現學生產出之視覺空間思維的改變。

壹、利用圖形特徵將物件等分促進單位化的作用

單位化是對圖像物件覺知之後，藉由物件在空間分布的情形予以有規則的分割，形成相同的圖示以利於乘法運算物件的數量，在發展算術表徵與空間思維上是一項非常重要的能力，是視覺空間思維上一項質變。大多數的學生可以經由將物件等分，將之「單位化」而利用乘法順利計數「彈珠問題」中的物件，以下訪談說明了學生如何透過視覺化建立單位化（圖7-2）。

學生 S_2：我看見圖中（圖 7-2）有個十字架，它的四周剛好都有鑽石形成的三角形，將三角形圈起來之後就像圖 (a)，鑽石數量就能夠用 $3\times4+7+6=25$ 算出總數來，7 是中間那條線的數量，6 是兩邊 $3+3$。圖 (b) 是因爲我從圖 (a) 中看見十字架中間有一點，於是我把圖 (a) 中左上角的三角形加上它右邊的中間的線上面的 3 個點就變成圖 (b) 中左上邊有 6 個點的三角形，用這種方式可以圈出一樣的三角形 4 個，中間就只剩 1 個點，用 $6\times4+1=25$ 可以算出一樣是 25 個。圖 (a) 的十字架是用正立的方式看的，我旋轉了 45 度後看十字架就變成圖 (c) 交叉的樣子，然後我就將這個交叉的十字架四邊的點分別圈起來形成了正方形，每個正方形裡面都有 5 個點，$5\times4+5=25$，十字架有 5 個點。圖 (d) 是我想把它設計成一個轉動的玩具風車，因爲有 25 個點，我留一個中心點當作是軸心，剩下 24 個，將它們 3 個一組，可以變成 8 組，我從圖的上方開始圈，先圈出上

方的直角三角形，再依順時針的方式依序圈出直角三角形，最後變成圖 (d)，3×8+1=25。

圖 7-2

S_2 形成單位化之視覺空間思維

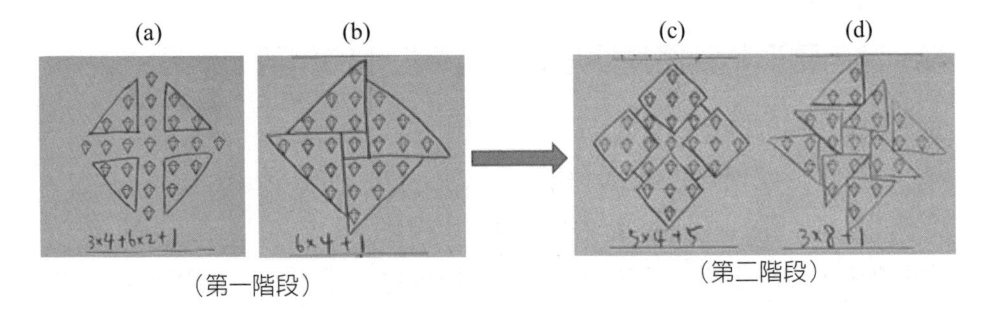

圖 7-3

S_3 形成單位化之視覺空間思維

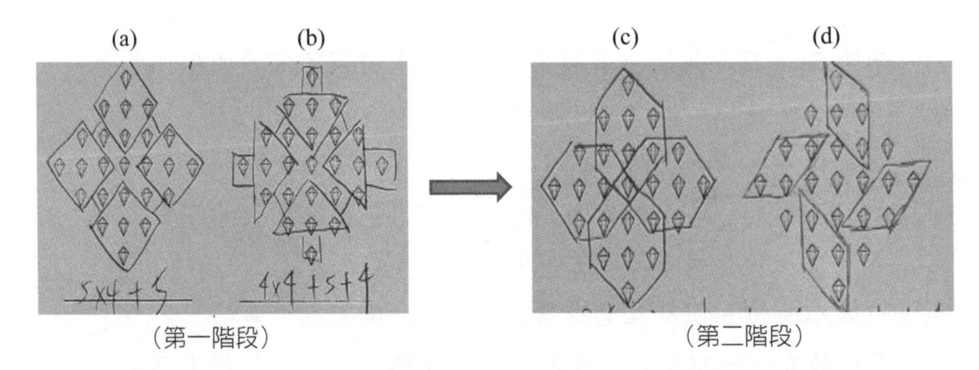

學生 S_3：我跟 S_2 一樣，先看到圖像中（圖 7-3）有一個交叉的十字架，然後它的上下左右都有相同的鑽石 5 顆，我把它圈起來就畫成像圖 (a) 一樣的 4 個正方形，數量就是 5×4+5=25。圖 (b) 是把圖 (a) 的正方形修改畫成箭號，矛頭有 4 顆，箭尾有 1 顆，算式就變成了 4×4+5+4=25。利用圖 (a) 的正方形（有 5 顆）將交叉的十字架的四條邊各 1 顆鑽石及中間的那顆合併（2 顆）就形成了 4 個重疊的六邊形，每個六邊形有 8 顆鑽石，總共有 8×4=32 顆，扣除中間那顆有 4 次及圖形重疊的 1 顆有 3 次，所以算式是 8×4−1×4−3=25。圖 (d) 是將圖 (c) 中間交叉的線段裡的 5 顆鑽石組合起來，然後將外部的鑽石 4 顆圈成一個平行四邊形，這圖形也像 S_2 的風車一樣，算式變成 5+4×4+4=25。

學生的單位化表現使用等分方式，涉及在每組中放置相同數量的鑽石，或者根據一些方便的排列形成等組，也驗證了 Duval（1998, 2017）提出的三種認知關注對於學生視覺空間思維與算式表徵的發展是一重要能力。因爲學生須能感知關注圖像中相關的元素及其特徵後，才能進一步利用論述與操作，將空間中的物件單位化，運用乘法進行算術一般化。因此，在培養學生空間思維與算術表徵的同時，應積極鼓勵學生觀察感知圖像重要的屬性特徵與其關係，並能透過從不同的角度詮釋圖像的特徵如何變化、如何影響圖像的屬性呈現，以原圖形的結構作爲基礎，事先預想或思索如何分割圖形，並進行更細微的分解，分割成更小的圖形，以產出更多相同物件數量之樣式，並進行規則與一般化的計數。

貳、操作能力擴展空間思維與數字的映射

將物件予以操作的能力像是等分、組合可以促進學生將空間的物件「單位化」外，亦可以協助學生建構並完成空間圖像（圖 7-4 與圖 7-5）的思維與單位化後的數字映射，例如 S_4 與 S_6 兩位學生透過物件的組織，完成了其想像的圖像創作與算術表徵。以下爲教師與兩位學生對於運用操作進行圖像創作的談話內容。

學生 S_4：圖 (a) 我畫的是一隻海龜，從海龜的腹部看，牠有一個腹部像正方形的殼（3×3），牠伸出了頭和尾巴（2×2）及旁邊的兩個鰭（2×2），再加上背部的殼（2×4），需要的鑽石數量總共是 3×3+2×2+2×2+2×4=25；圖 (b) 是一個王子

戴的帽子，帽子上面插了 2 根羽毛（7 顆鑽石），一個三角巾（8 顆），頭上有一個十字架（5 顆），並且鑲上了寶石，我的算式是 5+3+7+2+8=25。圖 (c) 我將它變成一隻飛翔的鳥，從上面看牠有頭和身體及兩邊的翅膀，需要的鑽石是 8×2+3+5+1=25。圖 (d) 的創作是來自圖 (b) 王子頭上帽子的十字架，因此可以把圖畫成 5 個十字架，每個十字架裡都有 5 顆鑽石，所以 5×5=25。（圖 7-4）

圖 7-4

S_4 操作產出之視覺空間思維

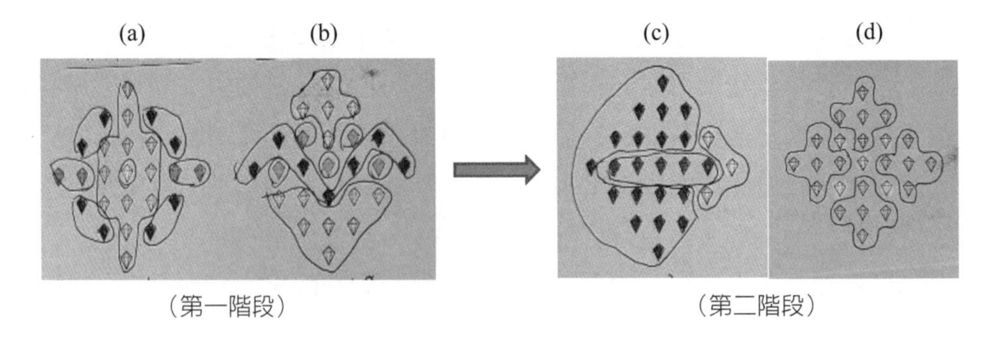

學生 S_6：剛開始時我看到圖像中間有鑽石排出的十字架圖形，於是我把它想成是寶劍和弓箭，雖然我知道用了 25 顆鑽石，但是我無法列式，我列出的算式太亂了，要數很多地方的鑽石；後來我以十字架的中心點爲主，這一點的上下左右都有 3 個點，我將這 3 個點圈起來畫成花辦，而花辦之間都有 3 個花蕾，像圖 (c)，這個圖有 3 個點的總共有 8 個，3×8=24，再加上中間 1 點就是 25，畫成這個樣子很容易就可以算出鑽石的總數了。圖 (d) 我是將中間十字架圈起來，發現它的四周都有 1 顆鑽石，總共有 4 顆，和十字架一起圍起來就成爲一個像正方形的區域，這個區域的上下左右也都有 4 顆鑽石，那鑽石的數目就可以用 4×5+5=25 算出，不僅圖形漂亮，而且用眼睛看就能算出鑽石有幾顆了。

圖 7-5

S_6 操作產出之視覺空間思維

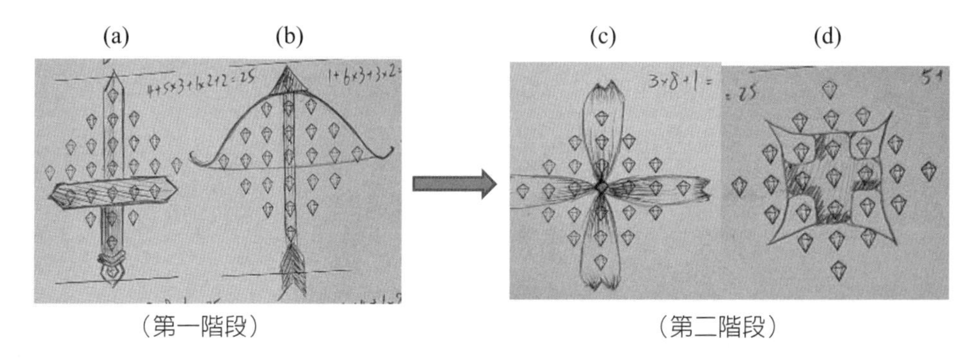

學生之所以能將空間思維與物件加以映射，如 Duval（2017）主張的，圖像具有兩種數學的描述：一種是每個圖像和另一個圖像的元素數量的差異，因此可以生成圖像序列的演變；另一是使用文字符號的配對，可將產生的連續數字變化的描述推廣到一個公式中。學生在執行計數時分別且連續地識別圖像中的每個元素，將每個元素自始至終都以相同順序說出的序列中的文字進行匹配展示數值。透過標記單位與名稱和組合數字的算式兩種不同表徵的協調，將兩個表徵各自的意義單位進行一對一的映射，最終呈現空間思維所形成的物件結構和樣式。

參、單位化與操作的協作促進算術一般化的精進

學生除了利用想像的圖像進行物件單位化以利算術表徵的呈現外，S_8 及 S_{11} 兩位學生則以物件數量的單位化方式，利用等分和組合物件加以操作，簡化運算，促進了算術一般化。有關 S_8 與 S_{11} 的視覺空間思維（圖 7-6 與圖 7-7）說明如下：

學生 S_8：我先將中間交叉的鑽石畫上紅色的線連結起來（有 5 顆），然後此交叉線的上下左右各有 5 顆，用藍色的線框起來變成 4 個正方形，所以算式是 $5\times4+5=25$。而圖 (b) 我改

變了交叉的線，補上交叉線上下的兩點變成「工」字，原來交叉線上下的藍色正方形就變成三角形（4 顆），算式就變成了 $4 \times 2+5 \times 2+7=25$。從圖 (a) 和圖 (b) 發現，可以將 3 顆、4 顆或 5 顆的鑽石用線串起來或圍起來，我就將圖 (c) 變形，上下採取 3 顆方式串起來，有 4 串，左右 4 顆串起來，有 2 串，中間 5 顆圍起來，算式變成 $3 \times 4+4 \times 2+5=25$。圖 (d) 我就變成 3 顆一串，上下有 2 串（用綠線串起來），左右各有 2 串，各用紅線和藍線串起來，加上中間的大叉叉，旁邊還有兩顆（點上黑色），算式就變成了 $3 \times 6+5+2=25$。這些圖形看起來很漂亮而且有對稱的感覺，我畫出很好看的花紋。

圖 7-6

S_8 單位操作之視覺空間思維

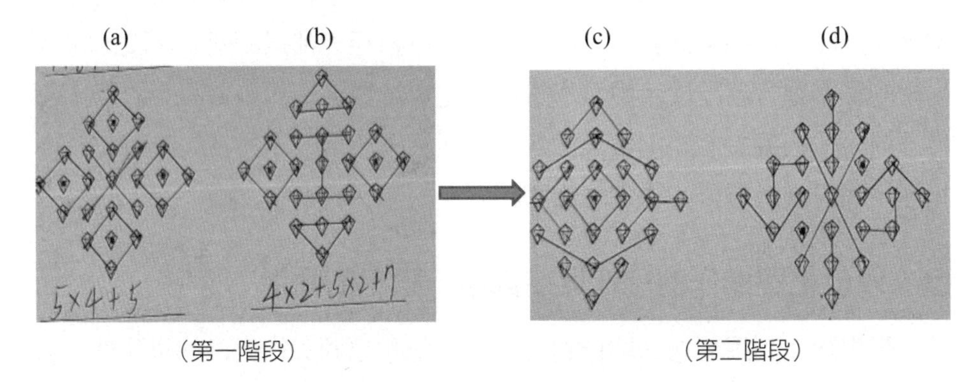

學生 S_{11}：我喜歡用黑色和白色相間的方式畫畫，所以看了鑽石問題後，我先將中心點塗上黑色，它的上下左右呈現白色（各 1 顆，有 4 顆），然後在它的上下左右的點塗上灰色（也是各 1 顆，有 4 顆），然後在轉彎處塗上黑色成爲彎字形（每個有 3 顆，有 4 條），然後再將外圍上下左右的 1 顆塗上黑色，就變成了圖 (a)，它可以用 $4 \times 3+3 \times 4+1=25$ 算出鑽石的數目。圖 (b) 就是利用黑白相間的方式畫出的，黑色的有 4 條（斜線），

白色的有 3 條（斜線），$4\times4+3\times3=25$。圖 (c) 其實是將圖 (a) 彎曲的黑線移到外圍，原來黑色的變成白色，白色變成黑色，算式可以從外至內計算爲 $3\times4+4\times3+1=25$。而圖 (d) 我把它變成上下一樣和左右一樣的圖，上下圖的外圈有 4 顆，包圍著 1 顆；左右圖外圍有 5 顆，但內有 2 顆，內圈各有 2 顆，算式是 $4\times2+1\times2+5\times2+2+2+1=25$。

圖 7-7

S_{11} 單位操作之視覺空間思維

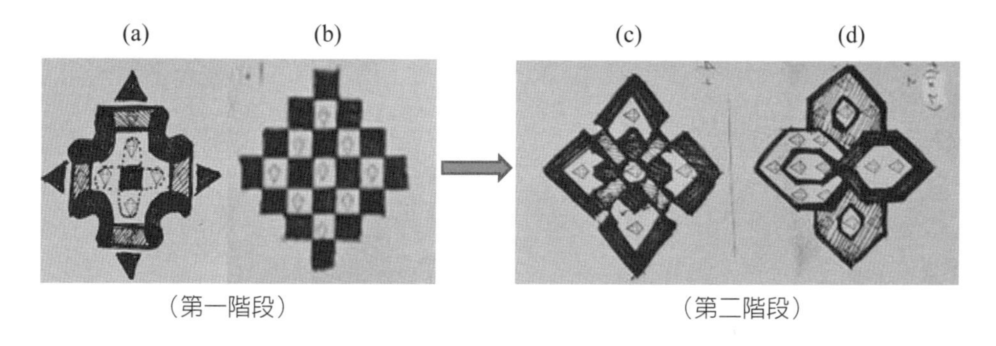

（第一階段）　　（第二階段）

學生在空間思維與數算表徵產出歷程相關的認知作用，如 Mitchelmore（2009）研究發現，學生會自發地尋找樣式、結構和關係，並經由識別數量、物件或關係之間的異同，注意和建構對稱的圖形，包含變換的動態視圖：反射、平移和旋轉及相應的對稱性，以等價性、交換律和函數思維等「數學樣式和結構感覺」進行協作，以促進算式一般化。學生的操作、單位化皆有多樣不同的策略與方式，或許這是彈珠問題產生的視覺化刺激作用，也可能是學生本身認知能力與學習經驗交互產出的結果。不論結果如何，可以肯定的是學生呈現的空間思維的視覺化並非是直線的、單一方向的，而是多樣化、交織運用，且是動態須運用認知與後設認知解題能力的。

空間與圖形在生活與學術上應用的範圍非常廣泛，因此學生對空間與圖形樣式的關注與掌握就越顯得重要，學生進行繪圖和測量，參與建模、表徵、視覺化及對物件的規律性加以一般化、論證和解題，樣式和結構促進了乘法推理，建立組合、重複單位和等分的概念，使用他們解題的策略和多樣性，尋找更靈活、細緻和包容的分析方法。

第八章

體現認知：數學概念之生成和操作

認知科學中興起的認識論——體現認知——刺激了教育研究人員採用創新的方法，來設計和分析數學的教學，讓學生獲得更佳的學習成效。該討論促進認知活動的理論化，以目標導向的多模態感覺運動現象學作爲基礎，根據這些理論，認爲概念學習可能源於特定運動形式的經驗觸發，產出新的研究工具，例如多模式學習分析，使教師與研究人員能夠聚合、整合、建模和表示學生的身體動作、視線路徑和言語手勢，以便追蹤和評估產生的新興概念和能力。

體現認知學習方式轉向影響了教育研究領域，將一種強大的智慧張力編織在一起。體現認知理論其根源在於遺傳認識論、生成論、現象學、實用主義、教育學文獻，以及各種歷史的闡述和結合。在這種範式融合的文獻激勵下，教師和學者們試圖解釋體現認知取向對一系列學科的教育理論、設計和實踐的影響，例如移動虛擬物體、透過螢幕操作、手勢感應，以及動態運動。

在過去 40 年中，心理學發生派典的轉變，人類思維現在被視爲與身體和環境密不可分。體現認知的觀點顯示，身體在認知過程中起著重要的因果或構成作用，這種具體的認知觀點基於感知、行動和情緒的身體和神經過程。學生的身體體驗是學習活動，也是學習的重要組成部分，感知運動體驗在學習過程中發揮了明確的作用。體現認知也獲得了行爲和神經學層面的大量實證研究的支持，這對課堂上的體現學習具有重要意義，但如 Hayes 和 Kraemer（2017）所描述的，人們對體現過程（例如在空間中移動身體）如何促進學習知之甚少，如何讓此新興的理論充分地在教學現場使用，使其能夠發揮最大的效用，最基本的工作是我們應積極的認識及理解它，並安排合宜環境，促進學生體現。

第一節　體現認知的定義與背景

壹、體現認知的定義

教育現場上與「體現認知」（embodied cognition）相關的字詞包括、「體現」（embodiment）、「體現語言」（embodied language）、「可供性」（affordance）、「體現心智」（embodied mind）和「體現學習」（embodied learning）等相關的術語。體現認知（embodied cognition）一詞是由「具體表現」（embodied）以及「認知」（cognition）組合而成，屬於認知心理學的一支。它主要探討個體與環境之間的互動，環境包含社會、物理、教學等三種不同類別的環境，同時也涵蓋了情意、文化層面的環境。Tran 等人（2017）定義體現認知爲知覺與動作的循環，個體經由動作來回應外在的物理環境與心理內在環境的改變，知覺系統感受到這個改變，繼續進行下一步的行爲，所以認知的形成是透過身體感官知覺與環境互動的結果，是被身體及其活動方式塑造出來的。Duijzer 等人（2017）強調學習和認知過程發生在個人的身體與其物理環境之間的相互作用中，是以生理條件爲基礎，探討心智之外的訊息呈現因素如何影響心智之內的訊息處理運作。

Vygotsky（1978）寫道：思想就是行動，是一種將概念制定爲感知運動的能力。當前的體現認知理論強調知覺—行動結構的作用不僅限於體現的操作性思維，還擴展到涉及語言和數學的抽象高階的認知過程。儘管有許多的體現認知理論，但都強調身體的重要性，並借鑑兩個共同主題：

1. 身體和世界（環境）對於形成、整合和檢索知識是不可或缺的：爲此，知識基於或位於個人與環境之間的相互作用中。當採用單詞或語言隱喻將抽象概念下的個體、異質實例結合在一起時，可能會發生密切連結的現象。
2. 知識是模擬的：思考或知識的使用，是在知識編碼初始時，重新體驗被活化的身體狀態，就像一個人與世界的個別化互動所經歷的那樣。

體現認知的原則，構成了一種當代教學理論，強調在教育實踐中使用身體，以及課堂內外的師生互動。體現認知的學習假設一個人的行爲（及對他人行爲的觀察）與環境可供性相互作用，共同構成學習過程的支架。體現認知使用類似主動學習的方法，包括各種基於身體的技術（即手勢、模仿、模擬、素描和類比映射），這些技術實現了解行動和經驗在早期發展中的作用，以及在正規的教育環境中搭建學習支架。從上述學者的觀點，體現認知是個體在其所處的環境中產生的一種探索性、自我調節行爲的生存行動，利用神經、感覺運動、現象學和認知資源，經體驗後重新創建知識和概念。

貳、體現認知的背景

一、生態環境的可供性

心理學中體現認知的前身可以追溯到 William James 和 John Dewey 的著作。然而，直到 James Gibson（1985）開創性的感知工作之後，心理學才認識到大腦可以透過分布式網絡直接存取行動。根據 Gibson 的「生態理論」的主張，我們所處的環境提供了多種的行動選擇，稱爲「可供性」。可供性的概念整合了感知、認知和運動功能，因此感知一個物體、對其進行認知操作及用它執行動作不能被視爲獨立的功能，行動和感知實際上是一個整合的系統。體現認知理論提出，知識是透過感知和感覺系統（例如聽覺、視覺、運動和體感）重演（即模擬）的，因此思考一個動作會喚起相同的視覺刺激、運動以及行爲本身發生的觸覺。此體驗由感官和知覺系統捕獲，隨後可用於在沒有實際刺激（即僅思考知識時）的情況下（透過模擬）重新創建體驗。

二、體現認知取向

體現認知科學分爲兩大陣營：生態取向和行動取向（the ecological approach and the enactive approach）。這兩種取向都試圖從動物—環境關係的角度來解釋行爲，但它們從相反的兩端開始。兩種取向對體現的想法看似對立，但整體而言卻是殊途同歸的。兩種取向皆拒絕承認體現認知僅由心理表徵的計算操作來定義的。以下分別敘述兩種取向的理論特徵：

1. 生態取向

(1) 可供性（affordances）：是動物感知的主要事物。可供性跨越主觀、客觀的二分法，既是身體上的，也是精神上的。

(2) 環境（environment）：又分爲「棲息地」（habitat）、「以自我爲中心的世界」（umwelt）。「棲息地」是一個物種的典型或理想成員的資源，「以自我爲中心的世界」是作爲有意義的、生活環境的特定個體。當動物採取行動時，會影響環境。也就是將會影響棲息地和以自我中心的世界。

(3) 生態資訊（ecological information）：環境與資訊是雙向作用的，能將環境的結構傳達給動物，也有助於引導動物積極探索該環境。

2. 行動取向

行動主義者都致力於賦予以自我爲中心的世界一個特殊地位，並反對將感知恢復成「預先給定」的世界。與生態取向相比，支持行動取向的學者認爲要從動物的結構耦合中建立感知理論。認爲以自我爲中心的世界不受表徵或推理的調節，就算有預先給定的想法，以自我爲中心的世界仍持續運作。

生態心理學和行動主義都拒絕承認認知是由心理表徵的計算操作來定義的，兩者都側重於自動組織和非線性動力學解釋。生態心理學關注動物感知和行動的環境的性質，行動主義則關注有機體作爲主體，將兩者結合起來可以提供認知的完整圖像：主體的行動故事，以及主體所耦合環境的生態故事。

3. 動作調整的功能系統

主張體現認知學習者試圖評估一個假設，即思考可能的抽象概念本質上是模態活動，與世界上實際的動態物質存在共享的許多神經、感覺運動、現象學和認知資源。他們認爲高階的推理，例如求解代數方程式、分析化合物、編輯期刊手稿或設計太空飛行器，並不是在某些脫離實體的大腦空間中發生的，也不是作爲處理符號命題的計算程序而發生的，是透過對實際或想像的物體進行操作、使用。認知個體的知識習得是在豐富的社會環境中激發、在內部啟動，並且廣泛的持續。Gibson（1985）認爲，人類的認知取決於我們將結構的某些部分納入協調並創建促進這一目標的系統的能力，正如社會背景資源豐富（例如文物、社會互動）支持協調一樣，它們也是透過人類協調過程構成的。人類至少有四種方式可以協調促進學習（圖 8-1）。首先學生使用語言和非語言資源（例如手勢、眼睛注視）來協調彼此的概念使用、行爲和思維過程；其次使用這些具體工具將注意力集中在文物和社交場景上；第三，透過將對象和 / 或我們建構的世界表徵形式進行協調，對它們進行概括性檢查，以便進行比較或變換；最

圖 8-1

生態系統的學習觀點

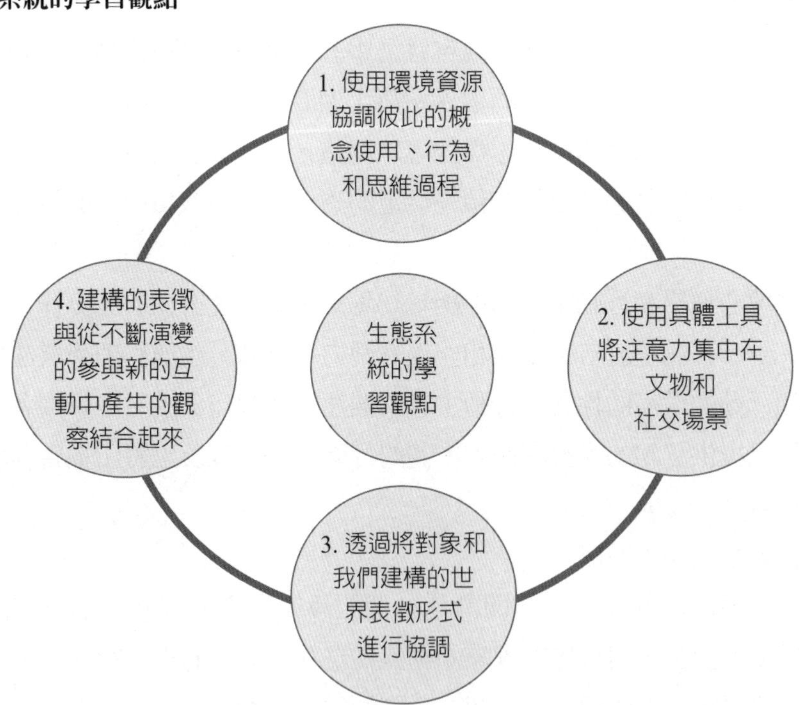

後我們將在過去的協調事件中建構的表徵與從不斷演變的參與新的互動中產生的觀察結合起來。在這動態的生態環境中個體就會進行認知、情感與社會行為協調的機制，以取得一致與和諧的發展，因此生態系統的觀點可以提供數學教學一結構性與動態性發展的觀點，從供給物環境的設計、師生與環境互動、進行認知情感與行為的協調，以適應環境挑戰。

第二節　體現認知的內涵

壹、體現認知與數學理解

正如 Stevens（2012）在他對數學推理具體化的介紹中所說：如果我們的目標是理解人們如何理解並使用數學思想、工具和形式採取行動，那麼將很難再將身體置於數學認知的邊緣。有四個主要思想說明了體現認知觀點與數學理解研究相關的多種方式：

1. 在感知運動活動中抽象的基礎作為將概念表徵為純粹模態的、抽象的、任意的和自我參照的符號系統的一種替代方法。這個概念將「思考」的中心從中央處理器轉移到位於物理和社會環境中的分布式感知運動活動網絡。
2. 認知源於感知引導的行動。這一原則意味著，包括數學符號和表徵在內的事物，可以透過我們對它們執行的動作和實踐，以及透過心理模擬和想像構成它們的基礎或構成它們的動作和實踐來理解。
3. 數學學習總是有情感的：沒有任何純粹的程序性或「中性」的推理形式，可以脫離我們與它們相遇時，基於身體的感覺和解釋的循環。
4. 數學思想是透過豐富的、多模態的交流形式傳達的，包括世界上的手勢和有形物體。

具體來說，各種體現觀點與教育技術中不同形式的身體聯繫起來的理論框架，作為協作設計新穎的數學教育活動的基礎。有五種教育科技常用的方法，透過身體動作、對象和周圍環境促進體現（圖 8-2）。

圖 8-2

五種體現方法

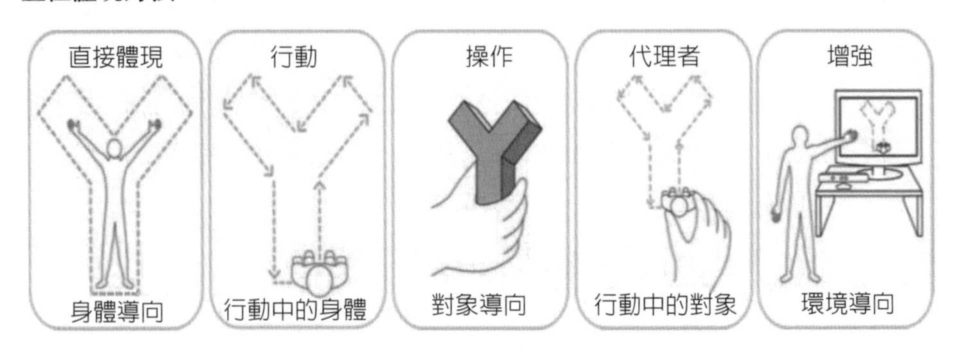

這些體現方法將個體、使用工具與環境互動視爲一系統，透過個體是否直接或間接參與活動而進行分類。最近，學者專注於透過新技術強調手勢的教學活動例子，包括使用動態技術工具探索數學變換和創建具體技術遊戲來教授數學和計算思維；用雙眼追蹤，以及教師指導學習者探索動作。透過體驗這些具體活動，探討科技在支持大腦、身體和行動之間的連結方面發揮什麼作用？反思物理、技術和協作的作用，轉向將體現認知觀點應用於創造未來用於研究和／或學習環境的新穎活動。

體現認知理論通常顯示概念是透過感覺運動模擬來理解的，具有特徵可驗證的範例通常用於測試人們對概念的理解，例如參與者被問到某個物理屬性是否是一個群體的特徵（例如鳥有翅膀嗎？）。其他體現概念的證據來自神經科學研究，例如當人們被問及物體時，通常會要求想像該物體的用途或功能（即「動作特徵」），例如接受神經影像學檢查時觀看工具圖片的參與者，讓其顯示出大腦中涉及運動的部分的活化。

貳、體現認知環境的工作機制

Dackermann 等人（2017）在對數值體現認知訓練計畫的審查中，發現體現認知環境的三種工作機制：

1. 身體體驗與預期概念之間的映射機制。
2. 個人空間不同區域之間的相互作用。

3. 不同空間參照系統的整合。

Tran 等人（2017）還發現映射機制（作爲與數學概念的心理模型一致的運動）是體現學習環境中的一個重要因素，他們認爲學生所做的動作應該被明顯地表現出來，讓他們有機會觀察和反思這些動作。這些機制包括：

1. 動作鏡像（motor mirroring）：在沒有直接環境刺激的情況下觀察和影響他人／物體的運動，其中身體參與發生。
2. 動作執行（motor execution）：在沒有直接環境刺激的情況下發生身體參與的整體和部分身體運動。
3. 重新活化制定（reactivated enactment）。
4. 直接制定（direct enactment）：
   (1) 在存在直接環境刺激的情況下，觀察和影響他人／物體的運動，其中身體參與發生。
   (2) 在存在直接環境刺激的情況下發生身體參與的整體和部分身體運動。
   (3) 基於身體參與和即時性支持學生理解圖形運動的體現學習環境分類法。

雖然有許多關於體現認知的理論，但它們都強調身體作爲「心靈的組成部分」的功能，而不是次要的。這些理論認識到依賴身體特徵的全方位感知、認知和運動能力。儘管對體現認知有許多個人觀點，但幾乎所有觀點都歸因於兩個共同特徵：

1. 認知涉及身體及其與世界的相互作用。
2. 身體與世界的這種相互作用在大腦中表現出來非抽象意義。

從歷史上看，數手指在正規教育中是不被認可的，然而，目前的證據顯示，手和手指計數的表徵都會對學生和成人的數字處理產生積極影響。例如當 8-12 歲的學生在不使用手指的情況下解決複雜的減法問題時，通常由觸覺活化的大腦體感區域的活化作用仍然增加（圖 8-3）。有趣的是，數學問題（即減法）越複雜，大腦體感區域的活化就越多。

圖 8-3
學生利用手指運動與計數

其他的示範研究顯示，一年級學生對於手指的動作了解越多，二年級的數字比較和估計就越好（Boaler & Chen, 2016）。這些知識甚至可以預測學生在大學的微積分成績。當學生被告知在解決數學問題（包括手指數數）時使用手勢，與那些不做手勢的學生比較，他們會對解決問題產生新的見解。這顯示以手指爲主的數字表示有利於以後的數字發展，且學生會在具體的結構化表示的基礎上學習心理的表徵。數學體現認知被認爲可以擴大計算與操作的數學的活動和新興技術的範圍，並幫助學生設想參與數學思想的替代形式。但基於手指的計數和其他基於身體的計數在不同文化中的執行方式不同（Liutsko, Veraksa, & Yakupova, 2017），導致在大腦內呈現不同的數字表徵。

第三節　體現認知在教育中的功能

壹、體現認知在認知領域的功能

一、增進記憶與理解力

Berenhaus 等人（2015）針對兒童閱讀理解的研究結果指出，透過主動體驗或是索引參照的學習方式，皆能增進學生對於文本內容的回憶。因爲主動參與能使學生聚焦在當前的文本呈現，而索引方式則有語言符號作爲參照，兩者皆有助於記憶文本內容。學生透過揣摩的方式，體驗文本作者意圖要表達的情境，有益於內在表徵的建構，進而有較好的理解。Tran 等人（2017）指出動作若結合其他感官行爲可以強化記憶，協助學習者日後更容易提取記憶，也能幫助學習者將記憶應用至其他類似情境中。由此可知，讓學生主動體驗，能增進大腦記憶的提取，促進學生的記憶與理解力。

二、降低認知負荷

肢體和手勢不僅能夠促進概念理解，更能降低學習者的認知負荷。運動可以讓學習者降低大腦的處理能力，爲其他活動或認知過程留下更多資源，進而提升解決問題的能力。解釋數學問題時的手勢可以幫助學習者追蹤他們的思維並減少工作記憶的使用，以便他們可以將更多的認知努力分配給解決問題。將感覺運動納入進一步的數學推理，工具動作的數學任務補充了基於動作的設計思想。在精心準備的體現活動前，身體潛能可以識別文物，再進一步解決數學問題（Shvarts et al., 2021）。故感覺動作不但回應數學任務的可供性，在學童無意識的情況下，降低認知負荷的大腦，建立了數學知識，同時促進抽象概念的理解。

三、體現認知實現教學目標

體現認知教學重點在於提供學生適合的學習環境，透過身體動作進行學習，促進知識理解。依據教育部（2018）「數學領綱」指出的數學課程目標，結合體現認知理論，研究者整理出六點體現認知教學目標如下：

1. 提供學生體驗機會，培養學生積極參與操作活動的信心與態度。
2. 培養學生使用文物學習，透過肢體動作表達數學的能力。
3. 培養學生正確應用數學工具的能力。
4. 培養學生針對自身動作進行反思，詮釋數學思維過程。

5. 培養學生將所學的數學知能進行跨領域應用。
6. 培養學生感受數學的美感。

貳、體現認知在情意層面的功能

一、數學探索充滿情感的流動

解決一道數學問題的過程包含多種情緒，學生遇見數學問題起初會有「好奇心」，當題目對學生而言有難度的話，學生會產生「困惑」、「挫敗感」、「焦慮」等負向情緒，若此時教師對學生進行「鼓勵」與提示，學生會產生「堅持不懈」的心態，也因獲得教師的提示而感到「愉悅」。最後學生解出答案時，會產生「興奮」與「滿足」。當學生嘗試創意想法時，身體會表現出活力、愉悅感、喜悅感（Chronaki, 2019）等正向情緒。學生個人的動機與信念會影響其情緒與態度，因此教師要多鼓勵學生，讓學生產生正向情緒，便能在數學探索中充滿幸福感。

二、話語結構影響學生價值觀

Chronaki（2019）指出師生之間的話語結構，會決定學生如何判斷何謂「適當的、正確的」。稱某人的行爲符合數學時，是因爲觀察到的行爲在數學操作範圍內是一致性的。由此可知，教師和學生之間的語言一致性，會決定學生對數學的情感取向。所以，教師要積極鼓勵學生參與環境，引發學生更多的複雜情感，學生的情感過程將會對學習結果產生影響。

三、提升學生參與動機

學生透過沉浸式的動覺體驗，從中獲得參與感，進而提高學習動機。基於肢體動作的學習會對兒童的態度和對數學的參與產生顯著的積極影響，並促進優質教學和增強整體學習體驗。因此體現認知教學能夠有效促進學生投入活動，提升學生學習動機。

參、體現認知在動覺體驗的功能

一、提供試誤學習的機會

體現認知活動提供學生親自操作的機會，也提供學生試誤的容錯空間。學生在知識整合過程中偶有遇到錯誤，但體現認知活動給予學生試誤的機會，使學生能夠將錯誤想法進行調適，重新與環境中的資源做密切連結，未來再遇到類似情境能夠加以識別，形成正確觀念。就如同 Tran 等人（2017）將體現認知定義爲動作與感知之間的循環。個體認知的形成是透過身體感官知覺與環境互動的結果，是被身體及其活動方式塑造出來的。因此，嘗試錯誤就如同心智外的因素，影響了訊息處理運作。

二、反思動作以確認概念正確性

不論是學生親自或藉由觀摩他人操作體現認知活動，教師都要讓學生有機會對做出的肢體動作進行反省，反思動作代表的意義。如同 Tran 等人（2017）認爲學生所做的動作應該被顯現出來，讓他們有機會觀察和反思這些動作。Duijzer 等人（2017）的研究指出若讓學生觀察同儕的操作，也可以提高學生數學理解力，教師要在活動結束時引導學生進行反思、討論，才能算是有效的體現認知教學。

第四節　體現認知的應用

壹、體現認知與語言

大量實證研究顯示，一個人理解語言的能力，部分涉及他模擬意義的動作的能力。當句子中的動作與推動文本前進所需的動作相匹配時，參與者可以在電腦螢幕上爲敘述性的句子更快呈現推進的動作。例如句子「當他走進房間時，約翰關掉了收音機」的參與者，比被要求順時針轉動旋鈕的參與者做得更快，研究發現與書寫內容一致的身體動作有利於閱讀。理解語言包括將單字索引到感知符號，從這些符號中導出訊息的供給物（或結構關係），並將這些訊息供給物進行網絡化，以創建對所描述情況的模擬。神經影像學研究也與體現語言理解一致，例如閱讀或聆聽有關特定身體動作的單字或單字短語的參與者，表現出與移動身體該部分一致的大腦內的活化。爲了說明這一點，僅僅閱讀動詞（例如踢）的參與者，表現出與在掃描儀中實際踢腿的參與者相似的運動皮層區域驚人的活化。

對許多體現語言理論的常見批評是，它們不具備處理抽象訊息的能力。人們注意到對體現認知的一些批評，包括理論沒有提供任何新內容，或是不可證明是僞的。一些研究人員試圖顯示，體現理論和傳統理論不再是二分法，兩者都有空間。其中一個解決方案是透過隱喻擴展從具體表徵創造抽象表徵的使用，以在具體表徵中奠定空間和以身體爲中心的隱喻（例如「生命是一場旅程」、「在一個人的頭上」）。

體現認知不是將知識從最初的感覺，和運動經驗中重新編碼和刪除，而是假設大腦在回憶和使用透過該經驗獲得的知識時，模擬這些細節。因此，編碼越豐富、越細緻，該資訊的模擬就會越豐富、越細緻（即，在該資訊的使用或回憶中）。語言中的單字通常會對應到具體的實例，並爲此類別的學習奠定基礎。所以，詞語在這些實例的後續模擬中成爲捷徑，語言可以透過隱喻幫助奠定抽象訊息。

貳、體現認知與閱讀寫作

語言是透過喚起感覺運動系統，來模擬語言描述的情況或動作意圖來學習和理解的（Glenberg & Gallese, 2012）。因此，根據體現學習的觀點，以與情境行爲和情境所提供的一致的物理移動或參與身體和感官應該增強的方式，開始進行閱讀教學。Glenberg 及其同事創建了「Moved by Reading」方法，將體現學習融入學生的閱讀理解中，並分兩個階段教授模擬或「表演」閱讀。在第一階段，稱爲物理操縱，學生們操縱玩具來模擬他們正在閱讀的故事。該方法旨在透過逐字將主要詞彙索引到圖像或物件來增強理解力，而不需要理解整個句子。它還透過限制單字索引的物件來實現這一點。當學生在這個階段取得成功後，他們可以相對容易地過渡到想像操縱階段，學生們可以在閱讀時想像或在心理上模擬自己做這些動作。

Kiefer 及其同事（2015）研究了主要從事數位寫作（例如電腦、平板電腦或手機）模式的兒童與實體寫作相比，手寫和閱讀理解是否存在差異（圖 8-4）。發現手寫可以改善字母辨識、命名和寫作的過程，並提高閱讀理解能力。書寫動作將形式與概念聯繫起來，從而促進了在更高、更具象徵意義的層面上書寫和理解語言所需的心理表徵。手寫對於爲學習閱讀和理解更高程度的資訊奠定基礎至關重要，但許多教育措施大力從課程中刪除書寫，而以透過電子打字來取代。與打字相關的任何擊鍵相比，手寫（即移動筆的物理和觸覺行爲）爲大腦提供了更多的刺激和精確度來捕捉並因此回憶。美國一些最初放棄手寫的州行政人員，現在已將手寫和草書教學恢復到他們的課程中（Hochman & MacDermott-Duffy, 2015）。

圖 8-4

學生進行紙筆和數位設施寫作

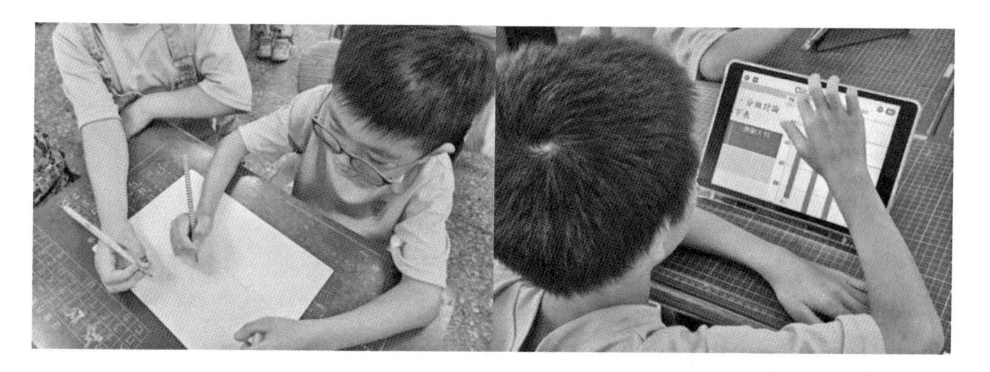

參、體現認知與數學遊戲

一個稱爲「看到改變」的計畫將這些想法帶入課堂（Abrahamson, 2012），學生透過具體遊戲學習複合機率問題。該專案使用傳統媒體（彈珠、卡片、蠟筆）和以電腦爲主的模組活動（NetLogo 模擬），使學生能夠憑藉基本直覺建立數學模型。學生若了解到他們在分析前的判斷是如何錯誤的，在面對與他們的推論相矛盾的經驗證據時，會修改他們的錯誤理論。透過這種將機率實驗的非正式和正式視覺化聯繫起來的實踐方法，學生表現出了更好的預測機率的能力。

另一個稱爲「運動數學專案」的應用數學學習專案中，學生（4-6 年級）按照比例距離移動手臂，以測量螢幕上顯示的類似大小，正確的答案會使螢幕變成綠色，錯誤的答案會使螢幕變成紅色。使用這種具體化的學習策略，學生主要透過反覆試驗來學習關係背後的規則。質性資料顯示，透過這種策略學習的學生解決問題的效率更高。學生透過與世界上的物體交互來發展抽象的數學理解，即使是最抽象的象徵性理解，也是透過基於與世界的身體互動的概念隱喻而發展起來的。體現理解構成了數學的重要組成部分，即使在專業數學家的新問題解決實踐中仍可能發揮不可替代的作用。

肆、體現認知與手勢

數學思想以體現爲主的交互的概念是當今數學教育中最有影響力的思想之一（Nemirovsky et al., 2020）。許多符號概念源於以物理世界經驗爲基礎的自然體現，而且體現認知的知識可以透過學習符號程序進一步發展，成長爲更複雜的形式概念。研究顯示，教師的教學手勢可以促進學生的學習（Alibali & Nathan, 2012）。學生自己的手勢也被發現支持數學學習，他們的手勢可能顯示學習了尚未在言語中形成的新概念，並在解決問題的過程中激發了新想法的創造。手勢來自感知和運動模擬，這些模擬是體現語言和心理意象的基礎，因此反映了學習者的數學思想；同時，手勢也影響數學思維，因為看到和做出手勢可以模擬影響感知的心理對象和行為，進而影響思維。手勢在塑造和推進學生的思維過程中發揮作用，從而加深對數學思想的概念理解，包括那些與複雜符號運算相關的思想。

探索手勢在學習的作用具有特定的意義：

1. 手勢反映和影響推理中的概念進步，手勢會喚起某些心理意像或模擬動作，從而在一個變量內培養一種先進的變化概念。例如最初對變化有「厚實」形象的大學學生可能會透過他們在推理變化時的手勢來制定一個「平滑而連續」的變化形象。
2. 動態手勢也有助於共變推理——協調一個變量相對於另一個變量的變化。Walkington 等人（2014）研究了在幾何證明任務中使用靜態和動態描繪手勢。雖然靜態描繪手勢代表一個不與其他對象交互的靜態單個對象，但動態描繪手勢允許問題解決者用他們的身體進行對象的轉換，從而促進幾何證明（圖 8-5）。

圖 8-5

學生進行計算和變化率說明

(a) 初階學習者的說明

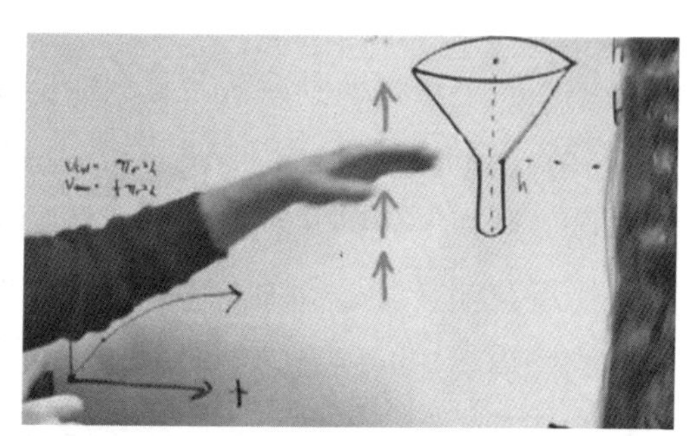

(b) 進階學習者的說明

對體現表徵策略的分析顯示，手勢以多種方式促進對變化率的推理。首先，動態描繪手勢，包括進階學習的大學生經常使用的遞歸手勢，可以幫助協調共變變量之間的關係，這對於推理變化率至關重要。其次，手勢幫助初階學習的大學生形成和交流他們關於變化率的想法。進階學習的大學生經常做出手勢，強調一種新的方式來設想變化率，這種方式與初階學習的大學生經常設想的不同。因爲分享這些手勢可能會鼓勵進階學習的大學生以一種新的方式來理解變化率，所以在協作解決問題的環境中產生的這些手勢可能有助於了解變化率的變化。

第五節　體現認知活動的設計

體現認知方法可以幫助教育工作者重新思考他們的教學法，並考慮包容個人和文化視角的學習方式。如果一個人與世界的互動是個人化的（透過他們自己的運動和感知系統來獲得），而這些實例透過先前的互動而變得有意義，那麼他們就會受到文化的影響。因此，特定實例在不同文化中的位置以及特定實例的使用程度都會有所不同。簡而言之，個人的認知結構（由他或她自己的經驗以及文化規範和語言支持的經驗所定義），決定了資訊如何首先被體驗以及隨後如何被模擬。這意味著兩件事：

1. 相似的動作將在不同個體的大腦中以不同的方式進行整合和映射，因爲他們的感知和運動系統將具有一組不同的經驗來告知當前情況。
2. 對於不同的文化，這些訊息的表達方式會有所不同，這些文化有不同的優先順序、規則、詞彙和語言隱喻來解釋周圍的世界。

體現認知設計是一種從理論到實踐的數學教育方法，利用認知科學哲學中的體現認知取向及認知發展和社會文化理論，來闡明建構和促進教學材料和活動的綜合指導方針。該框架經過眾多實證研究項目的不斷發展，調查數學認知、教學和學習混合等多種媒體來解決有關一系列課程主題內容（例如概率、比例和代數）。以設計爲主的教育研究爲導向，體現認知利用設計實踐的迭代、循環方法——構思、建構、實施、評估、重新理論化等等——作爲進行旨在闡述體現理論的研究的經驗背景。

透過參與體現設計活動，教師和學生有機會將他們對情境運動取向的感覺，與重構這些情境的虛擬模式（例如數學模型）並列起來。重要的是，體現認知設計讓學生做好正確的直覺反應或表演的準備，然後再向他們提供驗證並增強這些直覺的分析程序。體現設計研究的重點是導師與學生在概念中心的協作教學協商，努力將虛擬的學科展示（例如圖表）視爲是表示或促進所討論的來源現象的直觀知識制定。

壹、行動認知轉導

行動認知轉導（action-cognition transformation, ACT）的假設理論基礎，是行動本身可以誘發認知過程並有效改變我們的思維方式。這些結果顯示了 ACT 的兩個核心思想（Nemirovsky & Ferrara, 2020）：

1. 我們對物體的記憶，無論是眞實的還是想像的，在很大程度上是由過去和未來處理物體的運動模式構成的。
2. 正如 ACT 所假設的，執行動作可能會誘發（或干擾）這些物體的記憶，即使這些物體不存在，並且就像數學對象一樣，即使它們是想像的。

對於數學教育，可將 ACT 擴展到形式的數學對象，例如形狀、圖表和符號。這是因爲從心理上而言，我們透過類比映射和概念隱喻等機制將數學對象視爲物理對象。人們感知和操縱代數符號，就好像它們是可以拾取和移動的物體一樣。

在 ACT 中，運動可以透過兩種一般方式影響認知並有益於數學思維和學習：

1. 認知卸載（cognitive offloading）：透過認知卸載，行動可以擴展高度受限的認知系統的工作記憶和注意力限制。例如協作手勢的連結可以幫助人們管理認知要求較高的任務的複雜性，從而釋放用於數學推理和學習的資源。
2. 模擬（Simulation）：模擬提供了另一個認知支持點。動態手勢透過對模擬數學物件進行各種變換，直接支持學生透過身體運動來研究空間和形狀的概括屬性。運動，例如動態手勢的產生，取決於目標導向運動程序的生成，該程序活化預測器（前饋機制）以預測所提議動作的許多或所有可能的結果，以便在運動執行期間，系統可以快速的進行路線修正。

與數學相關的動作可以成爲提高數學推理的有用的思想運動資源。促進與任務相關的運動的干預措施，包括遊戲中的隱式定向運動、顯式指令和協作環境，都可能有助於透過 ACT 透過卸載或模擬與對象相關的動作來提高數學成績（Nathan, et al., 2017）。與數學相關的描述手勢可以培養對基本屬性的直覺和洞察力。動態描繪手勢對於透過對對象進行模擬變換來產生關於廣義空間屬性的數學上有效的證明至關重要。

貳、手勢教學之體現認知研究

手勢是在思考和／或交流時產生的手、手臂和身體的運動。從符號學的角度來看，人們用三種方式表達手勢意義的符號：索引、圖像或符號。

1. 索引透過與事物的連接來產生意義，例如指向方程式中的元素。
2. 圖像透過與事物相似來表達意義，例如在空中畫一個三角形來引用該三角形。
3. 符號透過與特定涵義相關聯來賦予意義，例如做出「豎起大拇指」的手勢表示良好。因此，人們使用手勢來指示物體和位置，代表物體、事件和想法，並以商定的方式象徵想法。

數學教學和學習通常發生在豐富的環境中，包括各種物理對象、工具、三維模型、圖表、草圖和符號銘文。在如此豐富的環境中發生的溝通通常是多模態的並且以環境爲基礎，而手勢是這種溝通的一個組成部分。手勢也與動作密切相關，因此，手勢在涉及動作的學習環境中無處不在，包括使用物理操作和建構模型。

代表性的手勢透過相似性來表達訊息，也就是說，此類手勢在某些方面與其預期涵義相似。代表性手勢可以透過手形（例如使用手形成三角形）或透過運動軌跡（例如用手指在空中描繪三角形）來表示。一些學者認爲，此類手勢源於對動作或感知狀態的心理模擬。因此，代表性手勢反映了視覺、空間和運動訊息的表徵，並且可能在其他人身上喚起視覺、空間和運動訊息的表徵。例如教師可能會用手勢模擬從天平兩側的秤盤取出物體，或者教師可能會使用雙手的位置描繪不同類型的角度。教師可以使用所有這些類型的手勢來努力與學生建立和維持共同的理解或共同點。共同點是指參與者在互動中共享的知識、信念和假設。教師建立並維護共同點，以支持學生透過以下幾種關鍵方式建構新知識：

1. 透過管理對共享所指對象的注意力，可以採取手勢來完成。
2. 透過連接到已經共享的先驗知識，這些知識可以用代表性手勢或傳統手勢來表達。
3. 透過實施爲學生提供共同經驗的課堂實踐，然後重新調整這些共享的經驗，這可以透過指出可能重新活化這些想法的環境的各個方面，或透過模擬重新調整先前的動作來完成。

教師的手勢在這些促進共同點的方式中都可以發揮關鍵作用，學生可能在學習過程的早期以手勢獨特地表達知識，並且在稍後的時間點，以口頭形式表達相同的想法。從這個意義上說，學生透過手勢獨特表達的知識，可能反映學生正在「研究」的新想法——他們正在考慮、評估或鞏固的想法。當學生用手勢而不是言語表達他們的知識時，他們通常會對指令或回饋做出高度反應。從這個意義上說，學生的手勢顯示他們的知識正在轉變。

參、掌握數學（Graspable Math, GM）

將抽象建立在基於知覺—運動的動作上，爲將符號表示爲純粹的非模態、抽象和任意符號系統提供了一種替代方案，其中重點是符號的解釋和死記硬背操作。扎根和體現認知的原則顯示，成功的感知實踐和代數結構的操作，可以使用正確體現數學規則並將行動轉化爲意義的認知系統。事實證明，一個人的數學知識和推理能力有助於將知識轉移到新的情境中。認知科學領域已經證實，代數推理至少植根於三個基本感知過程：

1. 抽象符號被視爲分布在空間中的物理對象。
2. 看到符號涉及感知過程，例如分類和注意。
3. 學習代數符號的運算涉及學習注意力傾向。

總之，這顯示學生依靠符號串中可用的視覺模式來學習對符號對象採取的數學行爲的合理模式。這些發現對研究和實踐具有影響，將代數符號轉化爲有形的物體，透過物理運動強制執行自己的規則可能有助於提高數學學習。Ottmar 等人（2015）探索如何設計虛擬工具，以動態的形式體現認知理論，其中符號可以被拾取和重新排列，他們開發了「掌握數學」的工具（Graspable Math, GM），這是一種創新的動態學習技術，利用手勢啟動的動作來探索代數結構。在 GM 中，符號是觸覺虛擬對象，可以透過指定的手勢動作靈活地拾取、操作和重新排列。在這種方法中，可以透過探索和操作來理解數學結構。GM 透過在空間和動作中建立代數表達式和變換，使數學對象的隱式結構變得明顯視覺化。透過對虛擬對象的這些物理操作，GM 將代數從一組用於將符號語句轉換的任意規則轉換爲以較爲自然的方式操作對象的直觀概念。

在 GM 中，這些動作被稱爲「手勢動作」，以區別於手勢，因爲它們經常在心理意義上使用。這些手勢動作實施的歷程被設計爲人們在執行代數變換時，經歷的想像符號操作的動態虛擬體現。GM 記錄學生解決問題時的交互行爲，提供有關學生解決問題過程、數學策略、行爲和錯誤的豐富訊息。人們發現應用這些資訊並進行測量（例如重置和探索），可以預測學生使用的數學策略的效率和靈活性。

Graspable Math 是一個基於研究的創新軟體平台，它的目的是在補充常規數學教學，具有以下的功效：

1. 整合形式語法和基礎語義。
2. 適合課堂教師和大部分有困難的學生使用。
3. 可以作爲探索數學學習中基本問題的框架。

GM 是一種很有學習輔助潛力的教育工具，它解決了一個相對未開發的領域，即以實踐爲中心、認知驅動、感知引導的教學技術；GM 專注於學生用來閱讀和轉換程序的感知策略，並開發一種干預措施，將這些經驗與精確且流暢的界面中有意義的結構聯繫起來；GM 允許物理移動符號的程序融入到具有挑戰性的課程中；GM 代表超越靜態抽象符號向動態體現界面邁出的第一步，該界面提供了支持各種數學課程需求的整合的、符號的體現。

肆、有趣的數學遊戲（Playful Mathematics）

遊戲化教育的基本原理是遊戲可以提高玩家的積極性、參與度和學習能力。特別是在數學方面，精心設計的遊戲可以激發玩家在稱爲「理論設計」的過程中，自願對數字環境進行數學化。因此，眾多教育設計師——學術界以及商業界——因此開發了學習遊戲（圖 8-6）。然而，這些遊戲的品質並不一致：太多的學習遊戲將「娛樂價值與教育價值」混合在一起。尤其是數學學習遊戲的設計者，常常難以將課程內容融入到遊戲機制和體驗中，只是在乏味的計算中注入喜劇效果。因此，學生的有趣的物理／數字行爲不是符號學的制定，也就是說，它們不構成、承擔或以其他方式暗示目標數學概念的制定，透過運動動作制定前瞻性概念的體現視角爲基於遊戲的學習提供了新的視野。

圖 8-6
學生進行數學遊戲

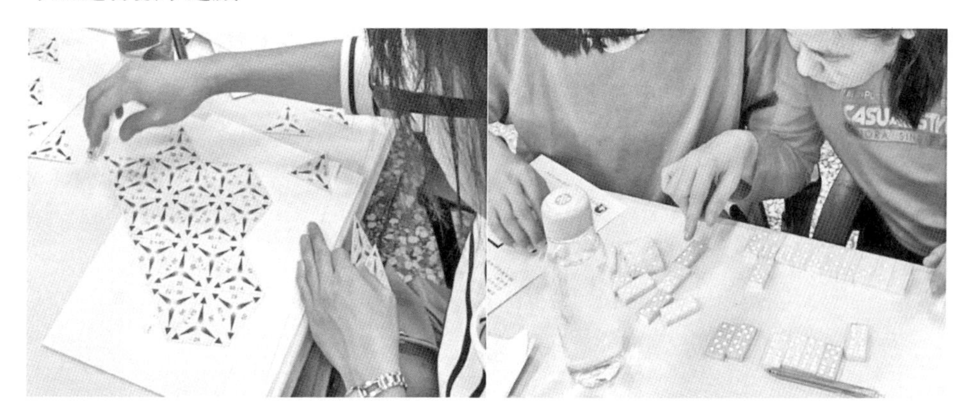

設計要求在玩遊戲（導致數字動作的物理操作）和討論遊戲（共同語音手勢）時都需要手動操作。該設計採用新穎的、非標準的數學表徵和活動來減輕學生的數學焦慮。尋求將數學內容整合到遊戲機制中的設計應考慮創建現實場景，提供近端動作（操作）和遠端動作（數字結果），從而制定數學轉換的規範動態，學生的手勢展示了他們在協調情境特徵和數學形式元素之間富有成效的努力。因此，鼓勵將遊戲納入課程的教師促進課堂討論，使操作的話語合法化，從而支持學生的數學建模。

總結由遊戲在體現認知設計的關係及原則，包含了：

1. 自願性參與數學活動。
2. 新穎的非標準數學表徵和活動可以激發學生的自願性參與。
3. 符號學制定的設計。
4. 可以透過設計一款遊戲來支持符號學的表演，該遊戲要求玩家和學生使用共同手勢來交流潛在的數學模式。
5. 學習作爲表徵多模態的組合。
6. 理解數學遊戲中的學習過程需要綜合玩家學生的數字動作、口語和身體手勢。

當前數學教育的一項運動是教師使用以學生爲中心的技術進行教學、幫助學生。儘管以學生爲中心的學習不存在協商的定義，但統一的主題要求學生發展自己的知識，其中「學習是根據學生的獨特需求、興趣和願望個別化進行的，並根據他們的想法和需求進行設計」。透過以學生爲中心的理念，教師根據學生的教育需求和課程目標創建課程，學生對課程活動做出有機的反應，參與自己的意義建構。

第九章

情感：溝通與表現之基石

在數學課室裡學習數學，涉及了多方的因素：

1. 數學學習中學習的不可分離性：不僅涉及概念和技能，還涉及學校數學的社會規範和實踐，以及與數學活動相關的情感、信仰和價值觀。
2. 學生數學學習課堂的複雜性：動機、情感和社交互動形成一個動態系統，影響數學的學習行爲，並提供有關該行爲的認知、情感和社會適應性的回饋，學生或群體的數學的學習在某種意義上是即時的、依賴於背景的，並且對初始條件敏感，但在長期內仍然可以合理地預測。
3. 教師、課程設計師或教育領導者可以影響的可塑性因素的重要性：以透過適應當前學習的狀態，鼓勵更深入、更有成效的數學的學習。

傳統上，對於學生數學學習和解題的研究，大多是將焦點放在認知層面，較少將注意力置於情感或是情感與認知交互作用的議題上。原因之一，可能是將數學視爲一種「純粹理性」的科學，它與情感無關，因此甚少論及情感在數學學習上所扮演的角色；另一個原因則是設計可信的情感反應測量工具，以進行數學學習反應的實證研究，在方法論上較爲困難。話雖如此，若將認知與情感予以區隔，著重於單一領域，則會對學生學習數學行爲的解釋產生偏誤，造成後續錯誤的處置。近年來，學者發現正面情感處置此問題的重要性，極力將認知、情感和動機理論加以整合，期能正確、客觀說明學生在數學學習和概念發展過程遇到的瓶頸與困難，協助解決學習阻礙，提升數學學習成效。

Malmivuori（2006）主張：複雜的情感反應，可藉由評鑑個人或情境重要目標或關注的事件而激發。學生在課室裡展現的情感反應與自我調整能力，緊密地影響數學成就表現，因爲學生會將其數學學習行爲和表現想成是自我知覺、評鑑和經驗產生的結果。學生的情感反應包含正向（例如享受和喜歡、效能與意志控制）和負向（焦慮、厭惡、神經質）的表現，這些反應與學生的價值判斷、個人能力知覺，以及在數學情境中的執行歷程和結果有關。正、負向情感反應與自我調整能力和數學成就表現之間究竟具有何種關係，情感反應與自我調整能力對於學童數學學習和解題表現的滿意情形有何影響，現已成爲數學教育學者亟欲探究的議題。

第一節　情感的定義與參與學習

壹、情感的定義

數學教育工作者長期以來一直關注學生在數學學習上產出的動機、焦慮和其他情緒特徵，對情感的研究集中在一種理論建構（例如情緒、動機、信念或興趣，emotion, motivation, beliefs, interest），這能夠以「情感場域」（affective field）這個術語來解釋在學習中的各種情感因素（情緒、態度等）的行爲反應，表示學生在活動中所涉及的情緒、態度、興趣、信念等的複合體（本書以情感一詞統稱）。情感（affect）是數學解題和擬題活動的重要組成部分，也是學生未來數學行爲的相關預測因子。由於學生在數學學習上發生的脫離和減少參與等常見現象，致使情感的議題近年來一直受到數學教育者的關注。情感的議題涉及多種相互關聯的因素或結構，例如情緒（emotions）、態度（attitudes）、信念（beliefs）、價值觀（values）、動機（motivation）、興趣（interest）……等等。這些因素的操作型定義與在數學活動中產出的範例，依照研究者的界定與實務中的行動可以將其彙整如表 9-1：

表 9-1

學生情感領域包含的內容與定義

結構	操作型定義	範例說明
情緒	情緒是在特定情況下的暫時且不穩定的感覺，例如快樂、恐懼或憤怒。	數學活動真有趣。
態度	態度是在某些情況下穩定的情緒反應，或者更確切地說是對某個物體或實體的心理傾向。	數學解題時總是害怕犯錯。
信念	信念是學生對世界某些方面的看法，例如對數學的信念和對解決問題的信念。	我們只是想知道答案是什麼。問題不在於我們如何解決問題，而在於是否得到了正確的答案。

結構	操作型定義	範例說明
自我效能	自我效能是學生對自己在特定情境下執行特定行為的能力的評估／判斷，例如提出和解決數學問題。	我感覺我做不到這一點。 當我無法解決問題時，這會對我產生影響。我感覺不太自信和堅強。
興趣與動機	興趣是一個人（學生）對某個實體的偏好參與，這或多或少可以是情境性的（例如發現一個問題有吸引力）或持久的（例如對數學的普遍興趣）——它是一個連續體。 動機是學生從事任何追求的原因和影響的集合，例如解決數學問題或採用特定方法。	我們很想看看其他同學的解法！（一位學生參考另一位學生的方法） 而且（……）那麼你就想這麼做。因為這是一個挑戰。
價值	價值是對物體、內容和行為的欣賞或感知的重要性。	他的方法挺好的（……）。 這是合乎邏輯的。（一位學生參考另一位學生的方法）

Renninger 和 Hidi（2016）觀察到，大多數的研究仍然以原子論的方式研究情感結構中的單一變數，並試圖識別它們之間的關係。情感是一種複雜的現象，涉及許多因素，而用於解釋情感因素的術語和概念部分可以互換使用，具有不同的涵義。情感的研究通常集中在一種理論建構（例如情緒、動機、信念、興趣）。Hannula（2019）對情感領域採取了整體的看法：將情感視爲一個領域，可以抵消關於多種情感結構的支離破碎的解說，並建立在假設情感、興趣、動機和參與是高度相關的結構的方法基礎上，具有附加價值。

貳、參與學習行動與情感

當某人數學的學習具有某種認知或情感投注的活動時，就會發生數學的學習。一個人的數學的學習通常針對一個目標，這可能涉及活動本身或其學術、社交或其他背景。它可以表達爲有效的、認知的或行爲的。要學習數學，學生必須參與數學的學習，學生和要學習的內容之間建立聯繫，與數學探究的實踐、概念和技能建立親密關係，並致力於這種實踐。學習與參與根本是不可分割的，它不僅涉及概念和技能，還涉及學校數學的社會規範和實踐，以及與數學活動相關的情感、信念和價值觀。由於學生參與課堂的複雜性，從某種意義上說，參與若是新奇的、與情境相關的，對初始接觸的環境會感到敏感；從長期來看，參與學習是可以合理預測的。因此，教師或課程設計者能考量此種可塑學習的影響因素，將能鼓勵學生透過適應的學習條件，鼓勵其更深層次、更有生產力的參與。

「參與學習」是指學生以某種認知或情感投注以參與一項活動。學生的參與學習通常是針對某個目的而爲，此目的可能涉及該活動本身或其學術、社會或其他背景，而以情感、認知或行爲方式表達。「參與學習」的基本方面包括學生的個人投注、目標或願望及參與的對象。此外，數學參與學習涉及廣泛的數學學科、國家和文化傳統、教育政策、學校環境、教師的教學實踐、同伴文化、學生的家庭文化和期望、學生的個人歷史等等。

第二節　參與學習的類型

壹、即時參與和長時間參與學習

探討學生情感的表現須與「參與學習」的類型連結，因爲情感是對某對象的情意投注，包含價值與信念的培養，因此「參與學習」的方式及持久性會影響研究對情感的判讀。在學習歷程，「即時參與學習」及「長時間參與學習」（in-the-moment vs. longer term engagement）之間的相互作用是至關重要的。

一、即時參與學習

描述體驗數學瞬間變化和波動，如何融入到更持久的理解和能力中的基本結構。「即時參與學習」的現象包括在特定場合發生的欲望、思想、感覺和互動，通常涉及特定任務和特定的人員。「即時參與學習」會同時啟動動機、情感和認知，既是個人的又是社會的，更具持久性的個人特徵（特質、方向、態度和信念、價值觀、能力和人際關係），這些在獨特的情況下以獨特的方式表現出來。

二、長時間參與學習

是指新的記憶及經過修改的情感和認知取向、關係，透過時間的流逝而不斷地參與數學活動而積累起來的。影響數學參與的每項因素都有「狀態」（即時）和「特質」（長期、持久）。動機涉及情境興趣、任務目標和狀態，以及個人興趣、目標取向和特質。

不論是「即時參與學習」及「長時間參與學習」，其行動皆會激發情感反應，情感包括「即時情感」和局部情感（狀態），以及情緒傾向、態度和整體情感（特質）。較長期的情感結構可能會暫時充當預期結構或模式，以幫助個人實現近期目標並提供情緒回饋。課堂數學實踐（社會狀態）在社會規範中表現出穩定性，這是社會系統特徵的類似物。

「參與學習」產出之情感反應為一種後設結構，包含了「參與學習」的三種方式表現出來的反應：行為（behavioral）、情緒（emotional）和認知（cognitive）。

1. 行為參與涉及可觀察到的事件：學生與他人展示的參與模式，包括在課堂上遵守參與規範的程度，在學校工作中所付出的努力及表現出的合作或破壞性行為。
2. 情緒參與涉及好奇和喜悅之類的感覺，與相對的諸如無聊、沮喪或焦慮之類相關的不滿感覺。
3. 認知參與涉及自我調節策略，學生可採用自我調節策略來引導他們的注意力，並將訊息整合為有意義的記憶。

即時參與學習會涉及三個維度的不斷互動：認知、情感和行為。研究顯示，數學中的情感對如何回應學習、解決問題和社交互動的認知方面會迅速變化；而行為的參與範圍則從可以觀察的陳述和明顯的動作，到明顯的注意力不集中和偏離主題等加以探討。因此，學生的參與質量（例如他們的近期目標、認知策略、隨之而來的情緒、生產性或可能非生產性的行爲、社會情境和互動），在參與的各個維度及潛在的參與能力和意願會因情況而異。

貳、參與學習的結構

考慮到即時參與學習的可變性和複雜性，辨別個人及個人跨群體的可識別模式就變得很重要。Goldin、Epstein、Schorr 和 Warner（2011）使用了「參與學習的結構」一詞來描述「行爲／情感／社會的位置」，該行爲表徵了學生在數學課堂中發生的一種參與模式。他們認爲這種心理結構是由相互影響的鎖鏈組成，可將每條鎖鏈作爲單獨的變量或特徵進行討論。Goldin 等人提出並討論九個數學的參與學習結構：

1. 完成工作，願望是完成分配的任務（Get the Job Done, where the motivating desire is to complete a task as assigned）。
2. 看我多麼聰明，渴望展示數學能力（Look How Smart I Am, where the desire is to show off mathematical ability）。
3. 檢查這個，希望是內在或外在的回報（Check This Out, where the desire is for either an intrinsic or extrinsic payoff）。
4. 我眞的很喜歡這個，願望是爲了自己的利益而實現和保持數學的學習的經驗（I'm Really Into This, where the desire is to achieve and maintain the engaged experience for its own sake）。
5. 不要不尊重我，希望在受到挑戰後挽回面子（Don't Disrespect Me, where the desire is to save face after being challenged）。
6. 避免麻煩，希望避免衝突，不贊成或可能的羞辱（Stay Out of Trouble, where the desire is to avoid conflict, disapproval, or possible humiliation）。
7. 不公平，希望能糾正不公平（It's Not Fair, where the desire is to rectify an inequity）。

8. 讓我教你，希望能幫助另一個學生（Let Me Teach You, where the desire is to help another student）。
9. 僞數學的學習，渴望是在沒有實際進行數學的情況下參與數學的學習（Pseudo-Engagement, where the desire is to seem engaged without actually doing the mathematics）。

另外 Verner、Massarwe 和 Bshouty（2013）提出一個額外的數學的參與學習結構：

10. 承認我的文化，願望是承認自己的民族數學也是他人的遺產（Acknowledge My Culture, where the motivating desire is for recognition of one's own ethnomathematical heritage by others）。

課堂中「長時間參與學習」顯示出的情感是至關重要的，它對教師面對的對象、本身具備的素質和開放的強度有直接影響力。儘管某些情感特質確實與數學的學術成就相關，這些特質在短期內不太可能改變，但在任務設計、教師期望和社交規範下，則是可塑的。簡而言之，「即時參與學習」是一種複雜的，取決於脈絡情境的，提供具有延展性的複合材料，是數學學習和長期學生發展的核心。在長時間參與學習方面，注意課堂參與數學的複雜性可以增強教師的教育水準，並促使設計更好的課程、工具和技術，以及激勵策略成爲可能。

第三節　情感的相關內涵

壹、情緒

McLeod（1992）使用「情緒」（emotion）一詞專門指情感、態度和信念所包含的特質。在這種解釋中，廣義的數學焦慮是一種態度，可與學生經歷焦慮情緒時區分開。態度被解釋爲在定義的脈絡情境（即特質）中對某些行爲模式或某些情緒集合的傾向，但在某些研究中，它可能指的是狀態，例如特定的一天或一天中的特定時刻，學生的情緒和在數學課堂上上課的方式。信念不僅用於描述對數學或自己與數學（即特質）有關的長期的、根深蒂固的信念，而且還用於描述隨著數學的發展而發生的信念狀態，即某項特定想法是否在其當前掌握的能力之內的信念。這些信念可能會根據任務的要求、同伴或教師的支持等迅速改變。通常情感文獻中的價值被視爲高度穩定的特質結構，但是該術語在動機的期望值理論中使用的方式大爲不同，特定的任務對學生具有相關的價值。除了數學上的焦慮外，特質的變項還包括數學上的自我概念和自我效能、成就價值、我們在動機討論中討論的目標取向及各種其他態度和信念。影響的另一個重要方面被稱爲後設情感。後設情感與後設認知的概念非常相似，它包含了後設情緒和後設情感能力的概念（應對負面情緒，透過自我調節來控制影響力），這些常被認爲是情緒智力及數學教育的研究。後設情感還包括情感中的情感和關於認知的情感。

貳、價值觀

價值觀爲個人認爲對個人重要的事物，以及個人賴以立足、規劃和判斷自己生活的基礎。透過 Eccles 和 Wigfield（2020）的期望理論（EVT）模型中，主觀價值（關於什麼是重要的）被概念化爲影響與成就相關的選擇及期望信念（關於成功的機會）。特別是，價值觀在成就、效用和享受方面表達了重要性。然而，價值觀並非只存在於個人身上，文化和價值觀緊密相連，文化是一種正式和非正式組織的價值體系，爲不同群體的人們制定規範和標準。集體主義文化（例如東亞人、太平洋島民）通常重視關係、家庭、親密關係、社會凝聚力和一致性。個人主義文化（例如瑞典和美國）通常重視自主、自我實現和自信。目前 EVT、情境預期價值理論（SEVT）（Eccles & Wigfield, 2020）也將價值觀置於社會文化背景下，承認文化環境等影響因素。重視數學教育代表「個人對數學教育學的信念的接受，這些信念對個人是重要且有價值的」。

參、幸福感

幸福是一種感覺良好的狀態，幸福感（也稱爲福祉）也是一種資源，人們可以利用它在順境中茁壯成長並從逆境中恢復過來。幸福感不僅僅是一種當下感覺良好的狀態，而且還可以成爲一種持久的資源——一種幫助我們的學生保持健康、建立良好的人際關係、應對壓力和學習成功。因此，越來越多的學校正在尋找支持學生幸福感的方法也就不足爲奇了。事實上，幸福感已成爲世界各地教育政策日益關注的焦點，世界衛生組織、聯合國兒童基金會、聯合國教科文組織、世界銀行和經濟合作組織等國際機構都呼籲學校開展教育，以取得學術成果和福祉成果。

「幸福感」的概念在不同學科中有許多用途和概念化。我們關注幸福的主觀概念，包括享樂（即正向情緒和幸福）和幸福（例如最佳功能、實現潛力、意義、價值觀、目標和掌握）。雖然存在許多幸福感模型，不同的模型主張不同的幸福成分，但也有相似之處。例如樂觀、幸福、代表正向情緒的一般心理成分；而連結性和社會幸福感組成部分反映了正向的關係，表 9-2 顯示了 Hill 等人（2022）的數學幸福感（mathematics well-being, MWB）價值辨識模型，進一步探索和描述 MWB 的內容。

表 9-2

Hill 等人的數學幸福感價值辨識模型

MWB 最終價值	描述	MWB 工具性價值的範例
成就（Accomplishment）	重視成就、實現目標、完成數學任務和測驗的信心或掌握程度	準確度、高分、目標、信心
認知（Cognitions）	重視在學校做數學所需的知識、技能和／或理解力	效率、回憶、先驗知識、理解
參與（Engagement）	學習／做數學時重視注意力、專注力、深度興趣或專注力	關注、有趣的工作、新穎的學習
意義（Meaning）	確定數學方向；感覺數學是有價值的、有用的、有價值的或有目的的	數學機構、現實世界的連結、有用性

MWB 最終價值	描述	MWB 工具性價值的範例
堅毅（Perseverance）	重視動力、毅力或努力完成數學任務或目標	具有挑戰性的數學、毅力、實踐和努力
正向情意（Positive emotions）	在學習／做數學時重視正面的情緒，例如享受、幸福或自豪	最小的焦慮、樂趣、安全的氣氛、自豪感
關係（Relationships）	重視支持性關係；感受到受到重視、尊重和關懷；與他人有聯繫；或支持數學方面的同行	歸屬感、家庭支持、教師的溫暖與關懷、同儕的支持

由於潛在價值觀的差異，幸福感因環境而異。由於這些價值觀差異，支持幸福的經驗或條件可能因個人、文化和背景條件而異。實現人際關係的價值觀對於此類文化成員的幸福感可能尤其重要，學生在學習數學時重視的東西可能與藝術或語言教育不同，因此這些科目的幸福感所需的條件也可能不同。

第四節　情感表徵系統與解題

解題與擬題是學校學生的重要數學活動。近年來，將解題與擬題融入課堂實踐產生的潛力已得到理論和實證的支持。學生解題與擬題技能的提高、對數學概念的理解以及學生的態度、動機和自信有關。當學生有意改變問題的目標和條件，或改變觀點時，例如在基於探究的學習方法中，解決方案內的解題與擬題就會發生。在學生的解題與擬題中，甚至可能存在「一系列自我產生的問題情境，其中追求特定的目標和目的」，例如當學生一般化或擴大數學範圍時問題。

壹、情感表徵系統

爲凸顯重要性，以及在解題歷程分析的可行性，可將情感反應視爲「內在表徵系統」加以探究。Goldin（2000）指出數學解題能力奠基在五種內在交互作用的表徵系統：

1. 語文／符號系統：包含自然語言、文法和語句結構。
2. 影像系統：包括內在視覺／空間、聽覺／節奏以及觸覺／動作。
3. 正式符號系統：例如數字系統、算則的符號、代數與計算、笛卡兒圖表等。
4. 自我調整系統：包含計畫和執行控制系統、解題中掌控啟發與策略使用的決策。
5. 情感系統：包括情感、態度、信念、規範、價值、倫理。

上述表徵系統的連結決定數學學習表現與進展，前三項表徵系統關注學生認知與解題能力的運用與發展；自我調整系統與後設認知、社會與情意的交互作用有關；情感系統則包括感覺數學解題歷程情緒狀態的改變（部分情感），讓個體能意識察覺，以及無意識或前意識產生情感反應狀態（整體情感）。將情感視爲表徵，意味著情感反應知覺狀態可爲個人帶來意義，爲內在表徵系統交互作用進行資訊編碼與交換。個體情感反應具有高度情境化特徵，較語文、影像表徵系統的文字及片語意義更複雜，很難用語文或說明表達。即便如此，將情感反應視爲自我系統表徵的呈現，可幫助理解情感具體運作現象產生之意義，以及對數學解題歷程的影響。

貳、情感反應要素與模式

DeBellis 和 Goldin（2006）認爲情感反應包含三項要素：情感路徑、情感能力與情感結構。

一、情感路徑

對認知結構交互作用（自我與他人）的感覺狀態建立順序，這些路徑對個體提供重要功能，包括有用的資訊、促進監控、建議使用啟發的解題策略。理想的正向路徑，可能開始於「好奇」與「困惑」，感覺被激發後對問題定義進行探索，促動問題理解；遇到「混亂」時，暗示個體產生僵局、缺乏啟示，導致挫折，這些感覺協助不斷嘗試省思，尋找合理解決方案；當產生新解題方法時，那麼喜悅、興奮及滿足會發生，建立正向整體結構的自我概念。相較之下，負向路徑也可從好奇和困惑開始，但只爲適切或安全的研究步驟進行編碼，而不是尋找探索機會，當步驟失敗，挫折結果會轉換到焦慮和沮喪，這些情感反應會激發不同種類處理：依賴權威、防衛機制、逃避及否定，建立數學及自我憎恨的整體結構。情感可以賦權（empower）或束縛（dis-empower）學生對數學的關係，賦權的情感提供堅持動力，使用新的內、外在表徵，建構新計畫；而束縛的情感則妨礙表現，阻擾理解，使之無法辨識，並化約數學焦慮或恐懼與負向結果的關聯。

二、情感能力

指個體依賴合適的情感對相關資訊進行策略性編碼的能力，包括對好奇事物行動能力，或是將挫折視爲調整策略的指示。每個人會對其情感路徑和能力建構複雜網絡，進行驗證或縮減數學解題能量，爲個體配合情境執行意義。它們建構所謂的「情感結構」，其關係如圖 9-1 所示。

三、情感結構

連結價值、信念、態度，並與情感反應感覺路徑連結。情感透過音調、眼睛移動、表情傳達、身體語言、哭、笑、吵鬧、呼喊等建構溝通系統，有效執行人際與社會交互作用。其作用如下：

1. 情感反應描述意識經驗，感覺數學活動歷程前意識或無意識發生之立即改變的狀態。
2. 態度描述數學情境朝向特定情感反應感覺的方向或狀態（正向或負向），包含情感和認知交互作用的平衡。
3. 信念包含對命題系統或其他認知結構外在事實或正確的歸因，編織情感，以提供其穩定性。
4. 價值／規範／倫理則牽涉深層、人際關係的事實，以及個體關切的承諾，它們協助激發長期選擇及短期的優先順序，形成價值系統。

圖 9-1

影響學生數學學習之情感反應模式

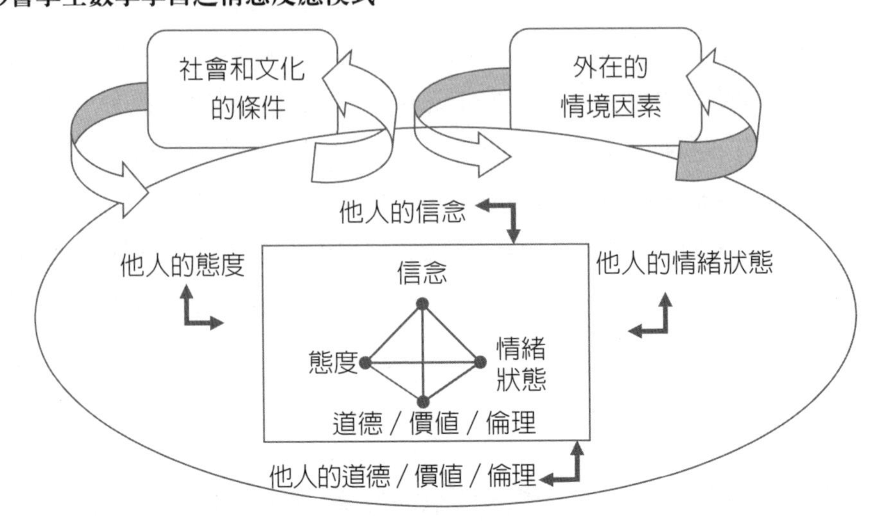

資料來源：引自 Debellis & Goldin (2006). A representation perspective on affect. *Educational Studies in Mathematics*, *63*, 135.

情感系統的作用，對學生數學成就表現，提供下列重要訊息：

1. 提出學生數學學習與解題歷程，產生之正向（興趣、喜愛等價值判斷、動機信念）與負向情感（例如焦慮、恐懼與害怕）反應之解釋與推論，並協助辨識及轉換成合適之認知策略，面對及解決所處問題之情境。
2. 情感反應會影響學童對學習歷程及結果有關「價」（valence）及「激發」（arousal）的認知，「價」係指某一刺激或某一目的物，其本身所具有之引起個體反應的特徵，目的物的價有正、負之分；「激發」指個體身心隨時準備反應的警覺狀態。這兩種認知行爲經由情感反應，會引發學童對數學學習或解題產生之歷程與結果抱持何種評價、需要何種能力、方法、策略，以及心理狀態有所察覺並依情境做出反應。
3. 情感反應作用除顯現表徵行爲外，尚且包含個體對自我監控、執行意志、反省與動機信念之後設認知策略的激發與調整，促進調適情感反應帶來之效應。

4. 情緒狀態與認知策略長期交互作用，形成學生一致及穩定之情感反應模式與對動機信念之評鑑，進而影響數學學業成就表現與採取自我調整策略；數學表現良窳，除反應在個體情感反應之動機信念、價值外，亦會反過來增強或削弱情感反應的知覺，在此轉換歷程，可提供輔導策略，協助學生朝向正向思考及反應。

情感表徵系統（affective system of representation）與多個認知表徵系統結合，努力建構解決問題的能力的現實的模型。所描述的情感狀態不是整體的態度或特徵，而是解決者在解決問題期間經歷和可以利用的局部變化的感覺狀態——儲存和提供有用的訊息，促進監控，並喚起啟發式過程。情感就像語言一樣，從根本上被視爲具有表徵性和交互作用性。

第五節　影響數學學習情感的要素

學生參與數學的學習或脫離數學任務的原因有很多，無論是即時還是長時間的參與學習，激勵和強制都會拉動和推動行爲。加強者、目標、興趣和自我認知相互作用，以促使學生的數學方向——他們選擇做什麼，與誰合作，以及結束什麼。總的來說，將這些原因稱爲數學的學習要素。關注的學習要素包含：自我調節（self-regulation）、目標（goals）、興趣（interests）和其他相關因素。

壹、自我調節

自我調節是指學生在計畫和適應個人目標時的思想、情感和行爲。它包含預測數學學習的動機方面。學生設定學習目標，管理他們的注意力，策略性地組織想法，選擇和使用可用資源，監控表現，管理時間，並掌握有關他們能力的有效信念。這些方面似乎具有可塑性，並且對有效的任務設計、指導和建模策略做出回應，讓學生能夠透過自我調節適應學習環境，在學業上獲得成功。

隨著時間的推移，追求一個充滿熱情的目標的延伸概念被稱為「堅韌不拔的」（grit），引起了研究的關注。「堅韌不拔的」意味著努力工作，以應對挑戰並保持多年的努力和興趣。關於擴展自我調節的文獻將「堅韌不拔的」視為一種在個體中結晶的特徵，其中一些具有比其他更多的「堅韌不拔的」，被討論為成功和失敗的一般原因。「堅韌不拔的」概念化更多的是對毅力的描述，而不是對為什麼持續存在的解釋。將學生在數學中堅持不懈的自我調節傾向概括為其他主題，或者學生渴望的所有長期目標，都是一個巨大的飛躍。對「堅韌不拔的」的研究有助於確定長期、自我調節的數學學習與目標、興趣和努力關聯。目標是直接行為，興趣和相關的情緒狀態調節的策略，使學生即使面對失敗也能保持數學的學習，並培養他們在數學任務中的堅持不懈。努力取決於學生對數學的興趣和任務與未來個人目標相關的感知效用。

貳、目標

當學生透過選擇任務來設定個人有意義的目標，從具有挑戰性的活動和合作機會的課程中學習，以及當教師提供相關訊息和選擇機會同時最小化壓力時，數學自我調節的最佳條件就會發生。在數學學習的早期階段，學生發展對目標承諾的程度，直接與他們最終評估可能的目標相關。承諾不僅與對功效的看法有關，而且與自由幻想有關，在這種幻想中，未來的積極想像可以影響對策略思維之外的目標的承諾。想像積極的未來終點，有效地規劃實施策略，培養適當的技能，以及在後設認知上監控進度，對於將目標的價值轉化為富有成效的學習成果至關重要。預測未來期望狀態的個人目標可以是近期的，例如在測驗中獲得高分；或長期的，例如進入特定職業。個人目標可能涉及多種預期結果，例如改進的概念學習；或期望的情感狀態，例如成就感。

有些學生受個人數學目標的激勵，導致了不同的行為模式。研究顯示，學生的數學學習是一個動態的，經過協商的過程，可以從個人偏好、群體規範、個人需求，以及可能與數學目標衝突（或有助於）的其他訊息中獲得動力。Middleton 等人（2017）將數學目標描述爲沿著四個維度的變化：

1. 目標明確性（goal specificity）：目標越具體，學生就越有可能實現目標。教師可以鼓勵學生爲特定的數學任務設定具體目標。重要的是，學生制定計畫，以實現目標並評估其結果。
2. 目標接近度（goal proximity）：近端與遠端目標不同之處在於它們在未來的需求與需求之間的關係，可以在短時間內達到近端目標，遠端目標可能是數週、數月甚至數年才能到達。遠端目標如果由個人發展，往往側重於學生希望在未來採取的預期認同。能夠設想未來目標並明確表達計畫的學生往往會花更多的精力，更好地管理時間，更有效地處理訊息，與同儕相比，獲得更高的學業成績。
3. 目標焦點（goal focus）：在目標取向的文獻中——以及它與動機、表現和自我效能的關聯——目標分爲兩類。學習目標（通常稱爲掌握目標）側重於理解，自我目標（通常稱爲績效目標）側重於一個人與其他人相比的感知價值。學習目標包括想像未來的新知識狀態，並相信努力地應用將產生新的數學技能和理解的預期結果。相比之下，自我目標包括想像未來的自我價值狀態，表現出勝任能力，或者避免與同儕相較的自卑感。
4. 目標傾向（goal tendency）：目標分類的另一個方面是方法與避免傾向。透過入門指導，學生積極尋求機會學習新概念和技能（學習方法）或尋求展示卓越能力（自我方法）的機會。學生透過避免取向來避免誤解（學習避免）或看起來較差（自我避免）。

參、興趣

興趣指的是學生傾向於尋求並找到愉快的活動或主題，以及爲自己定位的認同。數學興趣是數學課上積極情感體驗的最強預測因素，與學生在數學中談判的外在獎勵和懲罰，和所持有的近端和遠端目標相關的興趣如何發展關係密切。隨著時間的推移，學生的情境興趣會引發數學興趣作爲一種特質的發展。情境興趣的獲得和持有不是任務本身的屬性，而是作爲學生個人興趣與任務強加的認知、情感和社會約束之間的協調而發生的。

無論對數學的個人興趣程度如何，學生在任何特定任務中表現出的興趣都有很大差異。當先前的經驗或長期興趣沒有提供任何指導時，學生會在數學學習之前爲任務的潛在興趣，和對其長期興趣的數學學習後的活動進行評估，用於這種即時監測的術語是情境興趣。情境興趣比僅將任務與個人興趣相匹配更微妙。另外挑戰的層次，也可喚起並維持對情境的興趣，這種優化對於個人和任務的交互作用是獨特的。例如具有學習方法目標的學生傾向於尋求高挑戰；那些有自我迴避目標的人在面對較高的挑戰時，可能會感到焦慮。一個人對任務感受到的個人控制程度——即情境效能——也有助於情境興趣。研究顯示，年齡小的學生傾向於根據他們的情緒反應來定義興趣（例如這很有趣、令人興奮），而中學生則對任務要求、主觀能力感和自由選擇活動的日益複雜的推理、任務的方法產生反應。學生使用策略，例如改變他們對問題的處理方法，使他們有理由重視任務及其結果，使無趣的任務變有趣。優化挑戰的教學策略包括允許學生從挑戰層次不同的可用任務中進行選擇，提供各種任務背景和解決方法，並提供克服學生困難的工具。

喚起情境興趣的任務，要將個人興趣發展成爲一種經驗基礎。學生的個人興趣提供了重視數學任務的理由——學生更容易接受它們，表現出更深層次的認知處理，喜歡更具挑戰性的任務，並傾向於指向未來的課程和數學職業。具有個人數學興趣的學生傾向於更多地享受它，並且對個人成就感到更滿意。

肆、數學任務（mathematical tasks）

由於建設性數學的學習包括同伴協作，因此需要以促進學生之間互動的方式設計任務。可以透過多種方式解決的問題，允許不同的學生提供相關和有價值的想法，而非只用一種解決方法的任務獎勵那些首先完成任務的學生。更開放的任務往往會喚起學生對數學的更多樂趣和興趣，即使是最初抵制開放任務的學生也會接受這一挑戰。教師有權力了解學生對任務要求的假設，例如挑戰、分配的時間和回應。快速完成任務的學生可能會錯過一些學習的機會，因爲他們沒有學習各種推理方式，沒有從多個角度看待任務，或者可能沒有仔細地工作。以有效的方法思考學生的數學學習，會把學生的數學學習困境歸結爲基礎，研究多種方法來培養數學能力。學生的期望可以透過教師如何在談話中建構，並重新定義如何思考可爲更多學生開放空間，以便有效地傳達數學學習。

伍、社會支持和課堂互動

教師良好的社會情感與支持，對於學生的學業成績、自我效能感、學習興趣，以及社會行爲和目標息息相關。Battey 和 Leyva（2016）確定了教師互動的四個維度，每個維度都可透過支持或約束學生數學學習的方式來制定：(1) 解決行爲；(2) 培養學生的能力；(3) 承認學生的貢獻；(4) 關注學生的文化和語言。對於課室的支持，教師可以：

一、傳達關於學生在數學上有能力（或沒有能力）的期望

根據教師的期望，建立與數學相稱的合作關係，例如獲得正確的答案或理解同伴的解決方案，這種期望爲數學的學習提供了不同的機會——學生可以更容易地學習前一種情況下的算法，並且更容易與後者相互思考。學生是否相信他們能夠變得更有能力，以及數學能力是否被理解爲具有可塑性或固定性，被描述爲對數學學習和成就有影響力的心態。

二、學生數學學習的發展超越了他們的單一課堂經驗

在學校內創建課程結構的方式，學生必須透過機會或從一個學習到另一個學習，以及學生是否及如何利用這些機會，支持或約束在數學方面的認同。教師爲學生創造單一課堂數學學習機會是不夠的，除非前後的課程也提供連結的機會。

三、教師對學生動機和數學學習的理解

影響數學學習的任務和課堂因素的大部分可塑性，取決於教師的知識以及對動機和數學學習的理解。教師應該展現洞察力，如何同時和交互地考慮動機、影響和社會互動，幫助有效干預和支持學生數學學習的機會。由於數學學習的複雜性，一個富有成效的探究將是：

1. 識別功能穩定的結構。
2. 幫助教師理解這些結構。
3. 識別構成這些結構的條件。
4. 幫助教師引入這些結構條件以便促進這些結構。
5. 修改動機條件，以適應學生和不同背景之間的個體差異。

四、關注學生的文化和語言

例如學生學習畢達哥拉斯定理時，不僅學習直角三角形的幾何學、數學術語、邊長和斜邊長度之間的代數關係，還有一些非正式或形式證明的方法。了解自己的數學能力並體驗其發展，在數學語境中學習與他人的關係，這種認識成爲數學學習的研究有望超越動機、影響和社會互動，闡明數學知識的本質，以及其在學生生活中的作用。

陸、其他因素

某些特徵與數學成功的相關性並未明確提出最佳教學策略。由於特質因學生而異，只能在相當長的時期內發生變化，如果將特質變化視爲數學學習的重要先決條件，則挑戰是陡峭的。情感結構的一個重要特徵是情感結構的概念，可以幫助理解數學的學習，類似於認知結構、策略和啟發式幫助理解數學學習和解決問題的認知方面的方式。交織在一起的元素包括情緒、態度、信仰和價值觀，以及目標、行爲、認知、社交互動等。與數學學習相關的例子包括數學自我認同和自我效能，包含了數學親密度和數學完整性，以及前面討論的數學的學習結構。

一、數學親密度（mathematical intimacy）

特徵是可觀察到的行爲，例如工作時的身體姿勢；不願分享工作、深呼吸和閉眼，或動作緩慢，安靜或興奮的言論。數學的親密經歷可能包括脆弱、興奮、情感和溫暖、特殊、審美滿足感和自豪感。它可能不僅與數學聯繫在一起，而且與他人的關係（父母、教師或同儕），人們如何看待他人，以及數學表現在個人和社會方面如何被重視。因此，與其他情感結構一樣，它既是個人的也是社會的，可能發生在學校之外以及學校環境中。

二、數學完整性（mathematical integrity）

與學生在何時獲得充分理解、何時解決問題、成就是眞實的、何時獲得批准和認可方面的立場有關。它要求學生在自己的理解中承認不足，即使他已經成功地實施了一個程序來解決數學問題。如果學生認識到可以在不必獲得理解的情況下表現良好，則可能產生不適並引發不完整性的答案。

三、數學認同、思維方式和自我效能

人們如何定義自己及他們對數學和與數學能力相關的自信。學生的自我效能信念是動機的預測因子。這種數學信念系統不僅是認知的，而且還與特有的情感交織在一起，這種情感可能包括羞恥和羞辱、愉悅、驕傲和滿足。情緒感受和後設情感可以對信仰結構的穩定性起重要作用。

四、社會關係

透過四個主題來解決數學學習的社會問題：

1. 學校學習數學是一種社會努力，涉及學生對如何學習數學的感知期望

學生的數學學習機會是透過他們對課堂社會結構的看法來調節的，包括學生在全班討論中提出想法和方法，解釋他們的想法或推理，在小組活動期間與他人討論替代方案，以及在個人工作期間分享想法或非正式地提供幫助。

2. 關係和歸屬感是數學學習經驗之一

歸屬感和社會支持長期以來與青少年的學術動機有關，人們認為歸屬的重要性及社會系統被認為支持學生的自我效能和自信的程度，對於數學活動的動機和毅力尤其重要。這種與學校學習經歷相關的感受增強了興趣和欣賞，增強了自我調節和有效的後設認知。在數學課堂上滿足社會需求可以使學生有效學習數學，數學學習的參與度取決於學生感到舒適的社交風險層次。

3. 學校和課堂社會環境塑造學生數學學習的機會

理解為什麼學生會被動地或積極地從事數學學習，需要檢查他們曾經和將要學習的語境。數學課堂中一些友善的語境會導致學生減少失序的行為。由於學生之間以及學生與教師之間的關係發生變化，學校和教室對學生的吸引力或歡迎程度普遍降低。在青少年自我關注度提高的同時，涉及社會比較的實踐往往受到更多重視，教師控制力增加，學生的選擇減少，與青少年對自主權的需求日益增加相衝突。以符合規範為導向的數學學習機會，或嚴格的以權威為基礎的學校實踐被確定為孤立、疏遠或壓迫，學生需要在權威方面與教師建立更牢固的關係。

4. 數學學習發生在課堂之外的更大的社會文化背景中

數學學習的生產力受到家庭文化和學校實踐一致性的影響，學生與學校和學術內容互動的規範方式，在其家庭文化的早期就已經確立。學生數學學習的變化受經濟階層、父母教育和數學的學習、種族、民族和社區特徵及個人特徵的影響。

第六節　數學正向情感的培養

對於快速變化的環境，對有彈性和適應性的個人的需求變得越來越重要。最近的研究表明，學生需要社會意識和情感連結才能有效學習。學校學習的評量不應只是對學生的知識進行評分，還應包括觀察學生的個人成長、社會技能、態度和其他一般能力。這種概念方法的新穎之處在於將 SEL（Social and Emotion Learning）標準、形成性評量和課堂教學整合到以永續發展爲導向的模式中。參與數學任務學習可以增強知識的獲取，也可以透過有意義的討論、協作解決問題，以及評估他人想法的機會的集體互動，來增強知識的獲取。然而，在過去的幾年中，學生的社交互動受到了限制。限制社交距離的行爲不僅加劇了社交和情感學習方面的發展差距，而且還中斷了有效的數學教學。因此，須積極的尋找促進數學問題解決的策略，同時培養一種提高情感發展的社群意識是刻不容緩之事。對數學的負面情緒在各個年齡段的學生中都很普遍。作爲數學教師，首要任務是培養具有數學能力和自信的學生。當我們有意識地考慮兩者，同時認識到它們彼此之間的共生關係時，由學術、社會和情感學習協作組織就成爲學習的關鍵。

壹、數學幸福感的階段結構

Bishop（2014）認爲當學生努力理解他們的情緒、思想和價值觀時，開始確定自己的優勢和成長領域。在數學教學中提供敞開的窗戶的教師能爲學生創造看到自己和生活多樣化的機會。要創造這樣的環境，我們則需要理解數學幸福感的發展階段：

階段 0：知覺數學活動（Stage 0: awareness of mathematical activity）

在此階段，學生知覺到數學，但沒有將它當成是一種整合的知識實體，而是當成數學活動的集合體而已。在學校裡，從其他的活動會產生不同數學本質的知覺，親師之間要對數學做一致的指涉，包括成功學習數學的需要。

階段 1：辨識和接受數學的活動（recognition and acceptance of mathematical activity）

學生將數學視爲是一整合的活動，不同於語文或體育活動，且可接受爲一種值得追求的活動，在數學學習的情境裡，雖然學生有被動接受數學的經驗，但在探索時會逐漸消失並逐漸感覺舒服。

階段 2：對數學活動產出正向的反應（positively responding to mathematical activity）

在此階段，數學活動激發正向的反應，不只是接受活動，並且歡迎它，追求答案時充滿喜悅並獲得成就，此種喜悅發展出自我信心的感覺與正向的自尊，可以促進一般數學活動的接受度和價値感。

階段 3：評價數學活動（valuing mathematical activity）

在此階段，學生欣賞與享受數學的活動，擴展至其他活動上，並與他人分享，學生獲得高層次的數學素養。

階段 4：對數學具有整合與意識價值的結構（having an integrated and conscious value structure for mathematics）

在此階段，學生已經發展對數學的鑑賞，數學如何及爲何具有價値，此種評價引導他未來的發展，知覺到人類數學知識發展的進步，以及個人所處事物之數學模式中的位置。

階段 5：在數學活動中展現能力與信心（independently competent and confident in mathematical activity）

在此階段裡，學生在數學上完全是個獨立的行動者，能充分的展現個人不同層次的數學論證，能從良好的標準去批判他人的論證。

貳、關注社交和情感學習能力

學校是社會場所，學習同樣是社會過程。事實上，學生並不是單獨學習，而是透過與教師合作、與同儕接觸／討論、家人的鼓勵來學習。由於社會和情緒因素影響學習的形式和時間，學校必須關注這些特徵以使所有學生受益。情緒可以促進或阻礙學習，最終影響學生的成功。學術、社會和情感學習的協作組織（ Collaborative for Academic, Social, and Emotional Learning, CASEL）確定了學生在學校、家庭和社群取得成功所需要的五種核心、相互關聯的社會和情感學習能力（圖 9-2）。

圖 9-2

社會和情感學習能力關係

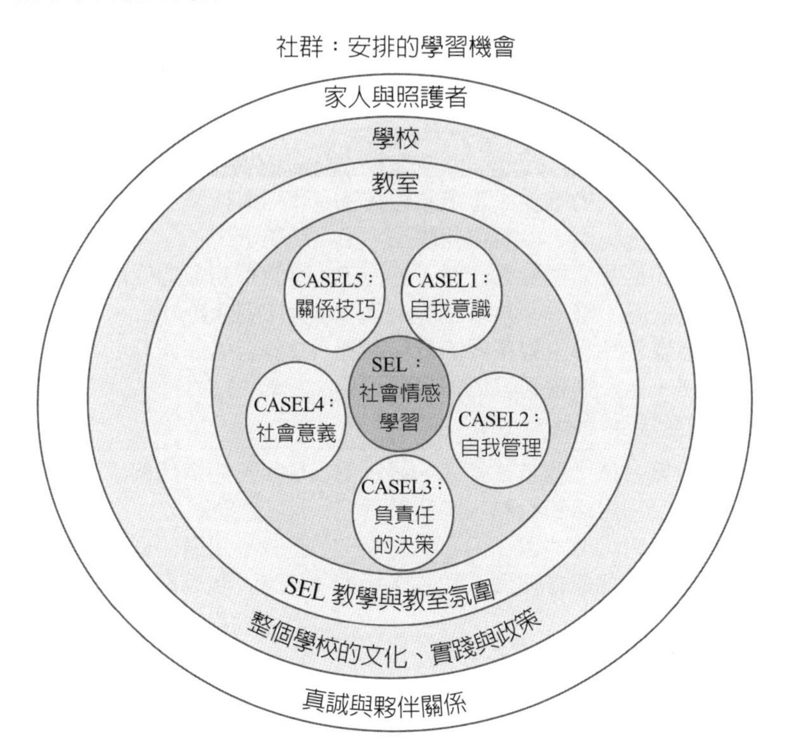

這些能力是自我意識、自我管理、負責任的決策、關係技巧和社會意識（CASEL, 2022）。CASEL（2022）的定義：自我意識——與評量一個人的感受、興趣、價值觀和優勢以及重視自信有關；自我管理——與一個人對壓力的適應能力和克服困難的決心有關，也與監測個人目標的進展有關；社會意識——能夠站在他人的角度並同情他人，認識並重視個人和群體的多樣性，同時考慮家庭、學校和社區資源；關係技巧——維持健康和滿意的關係，抵抗不適當的社會壓力並解決人際衝突；負責任的決策——基於道德標準和社會規範、尊重他人、在考慮安全的情況下運用決策技能、重視整個社區的福祉做出決策。在小學階段，CASEL 很重要，因爲它可以幫助學生開始培養對自己情緒和人際關係的控制感（Jones, et al., 2017）。教授 CASEL 的其他好處包括建立信心和同理心，以及管理與人際關係和學校相關的焦慮（表 9-3）。

表 9-3

CASEL 內容框架

CASEL 能力	描述	對學生問自我的問題
自我意識	對一個人的感受、想法和信念的了解或認可，以及這些想法、感受和信念如何影響一個人的行為和反應；數學學習環境中的自我意識包括學生對數學的意識和看法，以及這種看法如何影響他們的參與和學習。	我知道什麼可以幫助我解決這個問題？ 當我不知道如何解決問題時，我有什麼感覺？ 我的自信如何幫助或阻礙我的努力？
自我管理	以適合情況的方式管理一個人的感受、思想和行為，自我管理還包括有意識地選擇如何應對壓力源以及如何實現個人和團隊目標的能力。	當我不知道如何解決數學問題時我該怎麼辦？ 當我不知道如何做某事或陷入困境時，我如何處理我感受到的壓力／焦慮？ 當我認為我的合作夥伴／小組成員比我聰明或不如我聰明時，我該怎麼辦？
社會意識	社會意識是對他人的感受、想法或信念以及這些想法、感受和信念如何影響他人的行為和反應的知識或認識。當學生考慮多種觀點或具有同理心，包括來自不同文化背景的人時，學生就表現出社會意識。	我的伴侶感覺有多自信？我怎樣才能建立他們的信心？ 如果我做了所有的解釋，我的伴侶會有什麼感覺？如果我什麼都不做，他們會有什麼感覺？ 當我的朋友解決問題的方式與我的方式不同時，我怎麼能理解他們是如何解決問題的呢？
關係技巧	發展或培養與他人的健康、積極的關係。有效的關係技巧包括與他人良好合作、緩和局勢以解決衝突、為他人辯護以及抵制同伴壓力。	小組中的每個人可能喜歡擔任什麼角色？ 如何組織自己，以便我們都參與思考、數據蒐集、討論等？ 可以透過哪些方式表示不同意？

CASEL 能力	描述	對學生問自我的問題
負責任的決策	在採取行動或做出選擇之前，表現出對道德和安全考慮因素的預期或評估。負責任的決策者意識到行動會對自己和團體、家庭或社區內外的其他人產生影響。	我們需要考慮哪些安全注意事項？ 我如何使用數學來決定某件事是否符合道德？ 如果我不注意我創建的計算或模型的精確度，會有什麼影響？

每項 CASEL 能力，都是學生有意義地參與數學溝通不可或缺的一部分。理想情況下，所有的學生都會感受到與教師和同儕的聯繫，從而克服脆弱感並積極分享他們的解決方案和策略，在分享他們的想法時感到被理解，感到他們的想法受到尊重和重視，並爲他們的數學思維感到自豪。

參考書目

中文部分

教育部（2018）。**十二年國民基本教育課程綱要：國民中小學暨普通型高級中等學校數學領域**。教育部。

陳嘉皇、梁淑坤（2014）。表徵與國小學生代數思考之初探性研究。**教育研究集刊，60**(2)，1-40。

陳嘉皇、梁淑坤（2015）。姿勢、言辭表徵與代數思考之研究。**教育學報，43**(1)，103-127。

陳嘉皇、梁淑坤、王雅琳 (2024)。四邊形概念連結詞彙學習軌道之研究。**課程與教學季刊，27**(3)，201-236。

外文部分

Abrahamson, D. (2012). Seeing chance: Perceptual reasoning as an epistemic resource for grounding compound event spaces. *ZDM-International Journal on Mathematics Education*, *44*(7), 869-881. doi:10.1007/s11858-012-0454-6

Alghamdi, A., Jitendra, A. K., & Lein, A. E. (2020). Teaching students with mathematics disabilities to solve multiplication and division word problems: the role of schema-based instruction. *ZDM*, *52*, 125-137. https://doi.org/10.1007/s11858-019-01078-0

Alibali, M. W., & Nathan, M. J. (2012). Embodiment in mathematics teaching and learning: Evidence from learners' and teachers' gestures. *J. Learn. Sci., 21*, 247-286. doi:10.1080/10508406.2011.611446

Arcavi, A. (1994). Symbol sense: Informal sense-making in formal mathematics. *For the Learning of Mathematics*, *14*(3), 24-35.

Arzarello, F. (2006). Semiosis as a multimodal process. *Revista Latinoamericana de Investigación en Matemática Educativa*, *9*(Especial), 267-299.

Baiker, A., & Götze, D. (2019). Distributive Zusammenhänge inhaltlich erklären können-Einblicke in eine sprachsensible Förderung von Grundschulkindern. In A. Frank, S. Krauss, & K. Binder (eds.), *Beiträge zum Mathematikunterricht 2019* (pp. 69-72). Münster: WTM-Verlag.

Barrett, J. E., & Clements, D. H. (2003). Quantifying path length: Fourth-grade children's developing abstractions for linear measurement. *Cognition and Instruction*, *21*(4), 475-520.

Bartolini Bussi, M., & Mariotti, M. A. (2008). Semiotic mediation in the mathematics classroom: Artefacts and signs after a vygotskian perspective. In L. English (ed.), *Handbook of international research in mathematics education* (2nd ed.) (pp. 74-783). New York: Routledge, Taylor and Francis.

Battey, D., & Leyva, L. A. (2016). A framework for understanding whiteness in mathematics education. *Journal of Urban Mathematics Education*, *9*(2), 49-80. https://jume-ojs-tamu.tdl.org/jume/index.php/JUME/article/view/294

Battista, M, T. (2012). *Cognition-based assessment and teaching of geometric shapes: Building on students' reasoning*. Heinemann.

Battista, M. T. (2007). The development of geometric and spatial thinking. In F. K. Lester Jr. (ed.), *Second handbook of research on mathematics teaching and learning* (pp. 843-908). Charlotte, NC: Information Age; Reston, VA: National Council of Teachers of Mathematics.

Battista, M. T., Clements, D. H., Arnoff, J., Battista, K., & Van Auken Borrow, C. (1998). Students' spatial structuring of 2D arrays of squares. *Journal for Research in Mathematics Education*, *29*(5), 503-532.

Berenhaus, M., Oakhill, J., & Rusted, J. (2015). When kids act out: A comparison of embodied methods to improve children's memory for a story. *Journal of Research in Reading*, *38*(4), 331-343.

Bishop, A. J. (1983). Spatial abilities and mathematical thinking. In Zweng, M. et al. (eds.), *Proceedings of the IV I.C.M.E.* (pp. 176-178). Birkhäuser: Boston, USA.

Bishop, R. S. (2014). *The good life: Unifying the philosophy and psychology of well-being*. Oxford University Press.

Blanton, M., Brizuela, B., Gardiner, A., Sawrey, K., & Newman-Owens, A. (2017). A progression in first-grade children's thinking about variable and variable notation in functional relationships. *Educational Studies in Mathematics*. Online First. doi:10.1007/s10649-016- 9745-0.

Boaler, J., & Chen, L. (2016). Why kids should use their fingers in math class. *Atlantic*, 1-14. Retrieved from http://www.theatlantic.com/education/archive/2016/04/ why-kids-should-use-their-fingers-in-math-class/478053/ntary-jo-boaler?newsletter=true

Carpenter, T. P., Franke, M. L., & Levi, L. (2003). *Thinking mathematically:*

Integrating arithmetic and algebra in elementary school. Portsmouth, NH: Heinemann.

Cengiz, N. & Rathouz, M. (2011). Take a bite out of fraction division. *Mathematics Teaching in the Middle School, 17*(3), 146-153. DOI: https://doi.org/10.5951/mathteacmiddscho.17.3.0146

Chen, C. H. & Leung, S. K. (2024). A study on primary school students' arrangement and transformations of structures and arithmetic representation of the marble arrangement problems. *Education Journal*, *52*(1), 85-106.

Chronaki, A. (2019). Affective bodying of mathematics, children and difference: Choreographing 'sad affects' as affirmative politics in early mathematics teacher education. *ZDM, 51*, 319-330. https://doi.org/10.1007/s1185 8-019-01045-9

Chval, K., Lannin, J., & Jones, D. (2013). *Putting essential understanding of fractions into practice in grade 3-5*. National Council of Teachers of Mathematics. Reston, VA: Author.

Clements, D. H., Wilson, D. C., & Sarama, J. (2009). Young children's composition of geometric figures: A learning trajectory. *Mathematical Thinking and Learning, 62*(2), 163-184.

Clements, D., & Sarama, J. (2009). *Learning and teaching early math: The learning trajectories approach.* New York, NY: Routledge.

Clements, M. A. (1982). Visual imagery and school mathematics. *For the Learning of Mathematics*, *2*(3), 33-38.

Collaborative for Academic, Social, and Emotional Learning (CASEL) (2022) (n.d.). *Fundamentals of CASEL*. https://caCASEL.org/fundamentals-of-CASEL/. Accessed March 2, 2022.

Common Core State Standards Initiative (CCSSM) (2010). *Common core state standards for mathematics*. Retrieved at June 25, 2014 from http://www.corestandards.org/Math

Confrey, J., Maloney, A., Nguyen, K., Wilson, P. H., & Mojica, G. (2008, April). *Synthesizing research on rational number reasoning*. Working Session at the Research Pre-session of the National Council of Teachers of Mathematics, Salt Lake City, UT.

Confrey, J., Nguyen, K., Lee, K., Panorkou, N., Corley, A., & Maloney, A. (2012). *TurnOnCCMath. net: Learning trajectories for the K-8 common core math standards*. Retrieved June 20, 2014, from https://www.turnonccmath.net.

Corcoran, T., Mosher, F. A., & Rogat, A. (2009). *Learning progressions in science: An evidence-based approach to reform*. Retrieved from http://www.cpre.org/images/stories/cpre pdfs/lp science rr63.pdf

Craine, T. V., & Rubenstein, R. (2009). *Understanding geometry for a changing world. Seventy-first yearbook of the National Council of Teachers of Mathematics*. Reston, VA: National Council of Teachers of Mathematics.

Dackermann, T., Fischer, U., Nuerk, H. C., Cress, U., & Moeller, K. (2017). Applying embodied cognition: From useful interventions and their theoretical underpinnings to practical applications. *ZDM-Mathematics Education, 49*(4), 545-557. https://doi.org/10.1007/s11858-017-0850-z

de Saussure, F. (1959). *Course in general linguistics*. McGraw-Hill, New York.

DeBellis, V. & Goldin, G. (2006). Affect and meta-affect in mathematical problem solving: A representational perspective. *Educational Studies in Mathematics, 63*, 131-147.

Dehaene, S., Molko, N., Cohen, L., & Wilson, A. J. (2004). Arithmetic and the brain. *Current Opinion in Neurobiology, 14*, 218-224.

Dreyfus, T. (1995). Imagery for diagrams. In Sutherland, R., & Mason, J. (eds.), *Exploiting mental imagery with computers in mathematics education* (Nato Asi series F, 138) (pp. 3-19). Springer Verlag: Berlin, Germany.

Duijzer, C., Shayan, S., Bakker, A., Van der Schaaf, M. F., & Abrahamson, D. (2017). Touchscreen tablets: Coordinating action and perception for mathematical cognition. *Frontiers in Psychology, 8*, 144. https://doi.org/10.3389/fpsyg.2017.00144

Duval, R. (1998). Geometry from a cognitive point of view. In C. Mammana & V. Villani (eds.), *Perspectives on the teaching of geometry for the 21st century* (pp. 37-51). Dordrecht, The Netherlands: Kluwer Academic.

Duval, R. (2006). A cognitive analysis of problems of comprehension in a learning of mathematics. *Educational Studies in Mathematics, 61*(1-2), 103-131.

Duval, R. (2017). *Understanding the mathematical way of thinking: The registers of semiotic representation*. Springer. https:// doi.org/10.1007/978-3-319-56910-9

Eccles, J. S., & Wigfield, A. (2020). From expectancy-value theory to situated expectancy-value theory: A developmental, social cognitive, and sociocultural perspective on motivation. *Contemporary Educational Psychology, 61*, Article 101859.

Eco, U. (1979). *Tratado de semiótica general*. Barcelona: Lumen, 1991.

Ellis, A. B., Lockwood, E., Tillema, E., & Moore, K. (2021). Generalization across multiple mathematical domains: Relating, forming, and extending. *Cognition and Instruction*, *40*(3), 351-384. https://doi.org/10.1080/07370008.2021.2000989

Ellis, A. B., Waswa, A., Tasova, H., Hamilton, M., Moore, K. C., & Çelik, A. (2024). Classroom supports for generalizing. *Journal for Research in Mathematics Education, 55*(1), 7-30.

Erath, K., Ingram, J., Moschkovich, J., & Prediger, S. (2021). Designing and enacting instruction that enhances language for mathematics learning: A review of the state of development and research. *ZDM Mathematics Education, 53*(2) (in this issue).

Ernest, P. (2006). Reflection on theories of learning. *ZDM-The International Journal on Mathematics Education*, *38*(1), 3-8.

Finesilver, C. (2017). Between counting and multiplication: Low-attaining students' spatial structuring, enumeration and errors in concretely-presented 3D array tasks. *Mathematical Thinking and Learning*, *19*(2), 95-114.

Fischer, K. W. (2008). Dynamic cycles of cognitive and brain development: Measuring growth in mind, brain, and education. In A. M. Battro, K. W. Fischer, & P. Lena (eds.), *The educated brain* (pp.127-150). Cambridge U.K.: Cambridge University Press.

Gibson, J. J. (1985). *The ecological approach to visual perception*. Psychology Press.

Glenberg, A. M., & Gallese, V. (2012). Action-based language: A theory of language acquisition, comprehension, and production. *Cortex*, *48*(7), 905-922. Epub April 27, 2011. doi:10.1016/j.cortex.2011.04.010

Goldin G. A. (2003). Representation in school mathematics: A unifying research perspectives. In J. Kilpatrick, W. G. Martin, & D. Schifter (eds), *A research companion to principles and standards for school mathematics* (pp. 275-285). Reston VA: National Council of Teachers of Mathematics.

Goldin, G. A. (2000). Affective pathways and representations in mathematical problem solving. *Mathematical Thinking and Learning*, *17*, 209-219.

Goldin, G. A., Epstein, Y. M., Schorr, R. Y., & Warner, L. B. (2011). Beliefs and engagement structures: Behind the affective dimension of mathematical learning. *ZDM*, *43*(4), 547-560. https://doi.org/10.1007/s11858-011-0348-z

Götze, D. (2019a). Language-sensitive support of multiplication concepts among at-risk children: A qualitative didactical design research case study. *Learning*

Disabilities: A Contemporary Journal, 17(2), 165-182.

Götze, D. (2019b). The importance of a meaning-related language for understanding multiplication. In U. T. Jankvist, M. Van den Heuvel-Panhuizen, & M. Veldhuis (eds.), *Proceedings of the eleventh congress of the European society for research in mathematics education* (pp. 1688-1695). Utrecht: Freudenthal Group and Freudenthal Institute, Utrecht University and ERME.

Gravemeijer, K. (2004). Local instruction theories as a means of support for teachers in reform mathematics education. *Mathematical Thinking and Learning, 6*, 105-128.

Hackenberg, A. J. (2010). Students' reasoning with reversible multiplicative relationships. *Cognition and Instruction, 28*(4), 383-432.

Hall, M. (2000). *Bridging the gap between everyday and classroom mathematics: An investigation of two teachers' intentional use of semiotic chains*. Unpublished Ph.D. Dissertation, The Florida State University. Macmillan.

Hannula, M. S. (2019). Young learners' mathematics-related affect: A commentary on concepts, methods, and developmental trends. *Educational Studies in Mathematics, 100*(3), 309-316.

Hayes, J. C., & Kraemer, D. J. (2017). Grounded understanding of abstract concepts: The case of STEM learning. *Cognitive Research: Principles and Implications, 2*(7), 1-15. https://doi.org/10.1186/s41235-016-0046-z.

Hill, J. L., & Seah, W. T. (2022). Student values and wellbeing in mathematics education: Perspectives of Chinese primary students. *ZDM-Mathematics Education*. https://doi.org/10.1007/s11858-022-01418-7

Hoch, M., & Dreyfus, T. (2006, July). Structure sense versus manipulation skills: An unexpected result. In *Proceedings of the 30th Conference of the International Group for the Psychology of Mathematics Education* (Vol. 3, pp. 305-312). https://www.igpme.org/wp-content/uploads /2019/05/PME30-2006-Prag.zip

Hochman, J., & MacDermott-Duffy, B. (Spring 2015). Effective writing instruction: Time for a revolution. *Perspectives on Language and Literacy*, 31-37. Retrieved from http://1ll76r4coqvu2q936a2i0d2h.wpengine.netdnacdn.com/wp-content/uploads/2015/06/4-Hochman-Effective-Writing-Spring-2015-copy.pdf https://doi.org/10.1037/a0034008.

Hoffer, A. R. (1977). *Mathematics Resource Project: Geometry and visualization.* Creative Publications: Palo Alto, USA.

Houdement, C., & Tempier, F. (2015) Teaching numeration units: Why, how and limits. In X. H. Sun, B. Kaur, & J. Novotna (eds.), *Proceedings of the Twenty-third ICMI Study: Primary mathematics study on whole numbers* (pp. 99-106). Macao, China.

Izsàk, A. (2005). "You have to count the squares": Applying knowledge in pieces to learning rectangular area. *Journal of the Learning Sciences*, *14*(3), 361-403.

Jacobson, E., & Izsák, A. (2015). Knowledge and motivation as mediators in mathematics teaching practice: The case of drawn models for fraction arithmetic. *Journal of Mathematics Teacher Education*, *18*(5), 467-488.

Jones, Stephanie M., Sophie P. Barnes, Rebecca Bailey, & Emily J. Doolittle. (2017) Promoting social and emotional competencies in elementary school. *The Future of Children*, *27*(1), 49-72.

Jupri, A., & Drijvers, P. H. M. (2016). Student difficulties in mathematizing word problems in algebra. *Eurasia Journal of Mathematics, Science and Technology Education, 12*(9), 2481-2502.

Kiefer, M., Schuler, S., Mayer, C., Trumpp, N., Hille, K., & Sachse, S. (2015). Handwriting or typewriting? The influence of pen or keyboard-based writing training on reading and writing performance in preschool handwriting. *Advances in Cognitive Psychology*, *11*(4), 136-146. doi:10.5709/acp-0178-7

Kieran, C. (2018). Seeking, using, and expressing structure in numbers and numerical operations: A fundamental path to developing early algebraic thinking. In C. Kieran (ed.), *Teaching and learning algebraic thinking with 5- to 12-year-olds: The global evolution of an emerging field of research and practice* (pp. 79-106). Springer. https://doi.org/10.1007/978-3-319-68351-5

Kilpatrick, J. (2008). The development of mathematics education as an academic field. In M. Menghini, F. Furinghetti, L. Giacardi, & F. Arzarello (eds.), *The first century of the International Commission on Mathematical Instruction (1908-2008): Reflecting and shaping the world of mathematics education* (pp. 25-39). Rome, Italy: Istituto della Enciclopedia Italiana.

Kilpatrick, J. (2013). Leading people: Leadership in mathematics education. *Journal of Mathematics Education at Teachers College, 4*(Spring-Summer), 7-14.

Kosko, K. W. (2019). A multiplicative reasoning assessment for fourth and fifth grade students. *Studies in Educational Evaluation*, *60*, 32-42.

Kosko, K. W., & Singh, R. (2018). Elementary children's multiplicative reasoning: Initial validation of a written assessment. *The Mathematics Educator*, *27*(1), 3-32.

Kosslyn, S. M. (1980). *Image and mind.* Harvard U.P.: London, GB.

Lamon, S. (1994). Ratio and proportion: Cognitive foundations in unitizing and norming. In G. Harel & J. Confrey (eds.), *The development of multiplicative reasoning in the learning of mathematics* (pp. 89-122). Albany: State University of New York Press.

Lamon, S. (1996). The development of unitizing: Its role in children's equipartitioning strategies. *Journal for Research in Mathematics Education, 27*(2), 170-193.

Lee, S. J., Brown, R. E., & Orrill, C. H. (2011). Mathematics teachers' reasoning about fractions and decimals using drawn representations. *Mathematical Thinking and Learning, 13*(3), 198-220.

Lesh, R., & Doerr, H. (eds.) (2003). *Beyond constructivism: Models and modeling perspectives on mathematics teaching, learning and problem-solving*. Mahwah, NJ: Lawrence Erlbaum Associates, Inc.

Lesh, R., Post, T., & Behr, M. (1987). Representations and translations among representations in mathematics learning and problem solving. *Problems of Representation in the Teaching and Learning of Mathematics, 21*, 33-40.

Liutsko, L., Veraksa, A. N., & Yakupova, V. A. (2017). Embodied finger counting in children with different cultural backgrounds and hand dominance. *Psychology in Russia*, *10*(4), 86-92.

Lobato, J., Ellis, A., & Muñoz, R. (2003). How "focusing phenomena" in the instructional environment afford students' generalizations. *Mathematical Thinking and Learning*, *5*(1), 1- 36.

Ma, L. (1999). *Knowing and teaching elementary school mathematics*. Mahwah: Lawrence Erlbaum.

Ma, L., & Kessel, C. (2018). The theory of school arithmetic: Whole numbers. In M. G. Bartolini Bussi & X. H. Sun (eds.), *Building the foundation: Whole numbers in the primary grades* (pp. 439-464). Cham: New ICMI Study Series, Springer.

Malmivuori, M. L. (2006). Affect and self-regulation. *Educational Studies in Mathematics*, *63*, 149-164.

Marjorie, M. P., Robert, E., Edwin, L. M., & Caroline, B. E. (2017). *A focus on fractions bringing research to the classroom*. Ongoing Assessment Project (OGAP).

Markman, A. B. (1999). *Knowledge representation*. Mahwah, NJ: Lawrence Erlbaum Associates.

Marshall, S. P. (1995). *Schemas in problem solving*. New York: Cambridge University Press.

Mason, J. (2017). Overcoming the algebra barrier: Being particular about the general, and generally looking beyond the particular, in homage to Mary boole. In S. Stewart (ed.), *And the rest is just algebra* (pp. 97-117). Springer International Publishing.

McGee, M. G. (1979). Human spatial abilities: Psychometric studies and environmental, genetic, hormonal, and neurological influences. *Psychological Bulletin, 86*(5), 889-918.

McLeod, D. B. (1992). Research on affect in mathematics education: A reconceptualization. In D. Grouws (ed.), *Handbook of research on mathematics teaching and learning* (pp. 575-596). New York, NY: Macmillan.

McNeil, N, M., Grandau, L., Knuth, E. J., Alibali, M. W., Stephens, A. C., Hattikudur, S., & Krill, D. E. (2006). Middle-school students' understanding of the equal sign: The books they read can't help. *Cognition and Instruction, 24*(3), 367-385.

McNeill, D. (2005). *Gesture and thought*. University of Chicago Press. https:// https://doi.org/10.7208/chicago/9780226514642.001.0001.

Middleton, J., Jansen, A., & Goldin, G. A. (2017). The complexities of mathematical engagement: Motivation, affect, and social interactions. In J. Cai (ed.), *Compendium for research in mathematics education* (pp. 667-699). National Council of Teachers of Mathematics.

Mitchelmore, M. C. (2009). Awareness of pattern and structure in early mathematical development. *Mathematics Education Research Journal, 21*(2), 33-49.

Molina, M., Rodriguez-Domingo, S., Canadas, M. C., & Castro, E. (2017). Secondary school students' errors in the translation of algebraic statements. *International Journal of Science and Mathematics Education, 15*(6), 1137-1156.

Montiel, M., Wilhelmi, & Peirce, C. S. (1992). *The essential Peirce: Selected philosophical writings*. Bloomington, IN: Indiana University Press.

Moschkovich, J. N. (2015). Academic literacy in mathematics for English learners. *Journal of Mathematical Behavior, 40*, 43-62. http://dx.doi.org/10.1016/j.jmathb.2015.01.005

Moser Opitz, E. (2013). *Rechenschwäche/Dyskalkulie. Theoretische Klärungen und empirische Studien an betroffenen Schülerinnen und Schülern*. Bern: Haupt.

Mulligan, J., Oslington, G., & English, L. (2020). Supporting early mathematical development through a 'pattern and structure' intervention program. *ZDM-Mathematics Education*. https://doi.org/10.1007/s11858-020-01147-9

Nathan, M. J., Church, R. B., & Alibali, M. W. (2017). Making and breaking common ground: How teachers use gesture to foster learning in the classroom. In R. Breckinridge Church, M. W. Alibali, and S. D. Kelly (eds.), *Why gesture? How the hands function in speaking, thinking and communicating* (pp. 285-316). Amsterdam: John Benjamins. doi:10.1075/gs.7.14nat

National Council of Teachers of Mathematics (2014). *Principles to actions: Ensuring mathematical success for all*. Reston, Va: Author.

National Governors Association Center for Best Practices & Council of Chief State School Officers (2010). *Common core state standards for mathematics*. http://www.corestandards.org

Nemirovsky, R., Ferrara, F., Ferrari, G., & Adamuz-Povedano, N. (2020). Body motion, early algebra, and the colours of abstraction. *Educ. Stud. Math, 104*, 261-283. doi:10.1007/s10649-020-09955-2

NRC (2006). *Learning to think spatially*. Washington, DC: National Academies Press.

Ottmar, E. R., Landy, D., Goldstone, R. L., & Weitnauer, E. (2015). Getting from here to there: Testing the effectiveness of an interactive mathematics intervention embedding perceptual learning. In D. C. Noelle, R. Dale, A. S. Warlaumont, J. Yoshimi, T. Matlock, C. D. Jennings, et al. (eds.), *Proceedings of the Thirty-Seventh Annual Conference of the Cognitive Science Society* (pp. 1793-1798). Pasadena, CA: Cognitive Science Society.

Pape, S. J., & Tchoshanov, M. (2001). The role of representation(s) in developing mathematical understanding. *Theory into Practice*, *40*(2), 118-127. DOI:10.1207/s15430421tip4002_6

Piaget, J. (1970). *Science of education and the psychology of the child* (D. Coltman, Trans.). London: Kegan Paul Trench Trubner. (Original work published 1969)

Pöhler, B., & Prediger, S. (2015). Intertwining lexical and conceptual learning trajectories: A design research study on dual macro scaffolding towards percentages. *Eurasia Journal of Mathematics, Science and Technology Education, 11*(6), 1697-1722.

Pothier, Y., & Sawada, D. (1983). Partitioning: The emergence of rational number ideas in young children. *Journal for Research in Mathematics Education, 14* (4), 307-317.

Prediger, S. (2019). Mathematische und sprachliche Lernschwierigkeiten-Empirische Befunde und Förderansätze am Beispiel des Multiplikationskonzepts. *Lernen und Lernstörungen, 8*(4), 247-260. https ://doi.org/10.1024/2235-0977/a000268

Prediger, S., & Zindel, C. (2017). School academic language demands for understanding functional relationships: A design research project on the role of language in reading and learning. *Eurasia Journal of Mathematics, Science and Technology Education*, *13*(7b), 4157-4188. https://doi.org/10.12973/eurasia.2017.00804a

Prediger, S., Erath, K., & Moser Opitz, E. (2019). The language dimension of mathematical difficulties. In A. Fritz, V. Haase, & P. Räsänen (eds.), *International handbook of mathematical learning difficulties: From the laboratory to the classroom* (pp. 437-455). Springer.

Presmeg, N. C. (1986). Visualisation in high school mathematics. *For the Learning of Mathematics, 6*(3), 42-46.

Radford, L. (2003). Gestures, speech, and the sprouting of signs: A semiotic-cultural approach to students' types of generalization. *Mathematical Thinking and Learning*, *5*(1), 37-70.

Renninger, K. A., & Hidi, S. (2016). *The power of interest for motivation and engagement*. New York, NY: Routledge.

Saundry, C., & Nicol, C. (2006). Drawing as problem-solving: Young children's mathematical reasoning through pictures. *Proceedings of the 30th Conference of the International Group for the Psychology of Mathematics Education, 5*, 57-63.

Selling, S. K. (2016). Learning to represent, representing to learn. *The Journal of Mathematical Behavior, 41*, 191-209. https://doi.org/10.1016/j.jmathb.2015.10.003

Sfard, A. (1991). On the dual nature of mathematical conceptions: Reflections on processes and objects as different sides of the same coin. *Educational Studies in Mathematics*, *22*(1), 1-36.

Shvarts, A., Alberto, R., Bakker, A., Doorman, M., & Drijvers, P. (2021). Embodied instrumentation in learning mathematics as the genesis of a body-artifact functional system. *Educational Studies in Mathematics*, *107*(3), 447-469.

Siemon, D. (2019). Knowing and building on what students know: The case of multiplicative thinking. In D. Siemon, T. Barkatsas, & R. Seah (eds.), *Researching and using progressions (trajectories) in mathematics education* (pp.

6-31). Leiden: Brill Sense.

Silver, E. A., Leung, S. S., & Cai, J. (1995). Generating multiple solutions for a problem: A comparison of the responses of U. S. and Japanese students. *Educational Studies in Mathematics*, *28*, 35-54.

Simon, M. A. (1995). Reconstructing mathematics pedagogy from a constructivist perspective. *Journal for Research in Mathematics Education, 26*, 114-145.

Simon, M., & Tzur, R. (2004). Explicating the role of mathematical tasks in conceptual learning: An elaboration of the hypothetical learning trajectory. *Mathematical Thinking and Learning, 6*(2), 91-104.

Singer, F. M. (2009). The dynamic infrastructure of mind-a hypothesis and some of its applications. *New Ideas in Psychology*, *27*(1), 48-74.

Skemp, R. R. (1987). *The psychology of learning mathematics*. Hillsdale, NJ: L. Erlbaum Associate.

Steffe, L. P. (2003). Fractional commensurate, composition, and adding schemes: Learning trajectories of Jason and Laura: Grade 5. *Journal of Mathematical Behavior, 22*, 237-295.

Steffe, L. P., & Olive, J. (2010). *Children's fractional knowledge*. Springer. https://doi.org/10.1007/978-1-4419-0591-8

Steffe, L. P., & Olive, J. (2010). *Children's fractional knowledge*. Springer.

Stevens, R. (2012). The missing bodies of mathematical thinking and learning have been found. *Journal of the Learning Sciences*, *21*(2), 337-346.

Sun, X. H., et al. (2018). The what and why of whole number arithmetic: Foundational ideas from history, language and societal changes. In M. G. Bartolini, Bussi & X. H. Sun (eds.), *Building the foundation: Whole numbers in the primary grades* (pp. 91-124). Cham: New ICMI Study Series, Springer.

Thompson, P. W. (1993). Quantitative reasoning, complexity, and additive structures. *Educational Studies in Mathematics*, *25*(3), 165-208. doi:10.1007/BF01273861

Thompson, P. W. (1994). *Bridges between mathematics and science education*. Paper presented at the Research Blueprint for Science Education Conference, New Orleans, LA.

Thompson, P. W. (2011). Quantitative reasoning and mathematical modeling. In L. L. Hatfield, S. Chamberlain, & S. Belbase (eds.), New perspectives and directions for collaborative research in mathematics education. *WISDOMe Mongraphs* (Vol. 1, pp. 33-57). Laramie: University of Wyoming.

Thompson, P., & Saldanha, L. (2003). Fractions and multiplicative reasoning. In J.

Kilpatrick, G. Martin, & D. Schifter (eds.), *A research companion to principles and standards for school mathematics* (pp. 95-113). Reston: National Council of Teachers of Mathematics.

Toluk, Z., & Middleton, J. A. (2004). The development of children's understanding of quotient: A Teaching experiment. *International Journal of Mathematics Teaching and Learning, 5*(10). Retrieved January 21, 2014, from http://www.ex.ac.uk/cimt/ijmtl/ijmenu.htm

Tran, C., Smith, B., & Buschkuehl, M. (2017). Support of mathematical thinking through embodied cognition: Nondigital and digital approaches. *Cognitive Research: Principles and Implications*, *2*(16), 1-18. https://doi.org/10.1186/s41235-017-0053-8

Verner, I., Massarwe, K., & Bshouty, D. (2013). Constructs of engagement emerging in an ethnomathematically-based teacher education course. *The Journal of Mathematical Behavior*, *32*, 494-507.

Vygotsky, L. S. (1978). *Mind in society: The development of higher psychological processes*. Harvard University Press.

Vygotsky, L. S. (1987). *The collected works of L. S. Vygotsky,* vol. 1: Problems of general psychology. New York, NY: Springer.

Walkington, C., Boncoddo, R., Williams, C., Nathan, M., Alibali, M., & Simon, E. (2014). Being mathematical relations: Dynamic gestures support mathematical reasoning. In W. Penuel, S. A. Jurow, K. O'Connor, et al. (eds.), *Learning and becoming in practice: Proceedings of the eleventh international conference of the learning sciences* (pp. 479-486). University of Colorado. https://doi.org/10.13140/2.1.4080.0005

Webb, D. C., Boswinkel, N., & Dekker, T. (2008). Beneath the tip of the iceberg: Using representations to support student understanding. *Mathematics Teaching in the Middle School*, *14*(2), 110-113.

國家圖書館出版品預行編目(CIP)資料

數學學習心理學研究與應用／陳嘉皇著. --
初版. -- 臺北市：五南圖書出版股份有限
公司, 2024.11
面； 公分
ISBN 978-626-393-807-6(平裝)

1.CST: 數學教育 2.CST: 教學法

310.3 113014277

1I8D

數學學習心理學研究與應用

作　　者 — 陳嘉皇
企劃主編 — 黃文瓊
責任編輯 — 黃淑真、李敏華
文字校對 — 黃淑真
封面設計 — 封怡彤
出 版 者 — 五南圖書出版股份有限公司
發 行 人 — 楊榮川
總 經 理 — 楊士清
總 編 輯 — 楊秀麗
地　　址：106臺北市大安區和平東路二段339號4樓
電　　話：(02)2705-5066
網　　址：https://www.wunan.com.tw
電子郵件：wunan@wunan.com.tw
劃撥帳號：01068953
戶　　名：五南圖書出版股份有限公司

法律顧問　林勝安律師

出版日期　2024年11月初版一刷
定　　價　新臺幣380元

經典永恆·名著常在

五十週年的獻禮——經典名著文庫

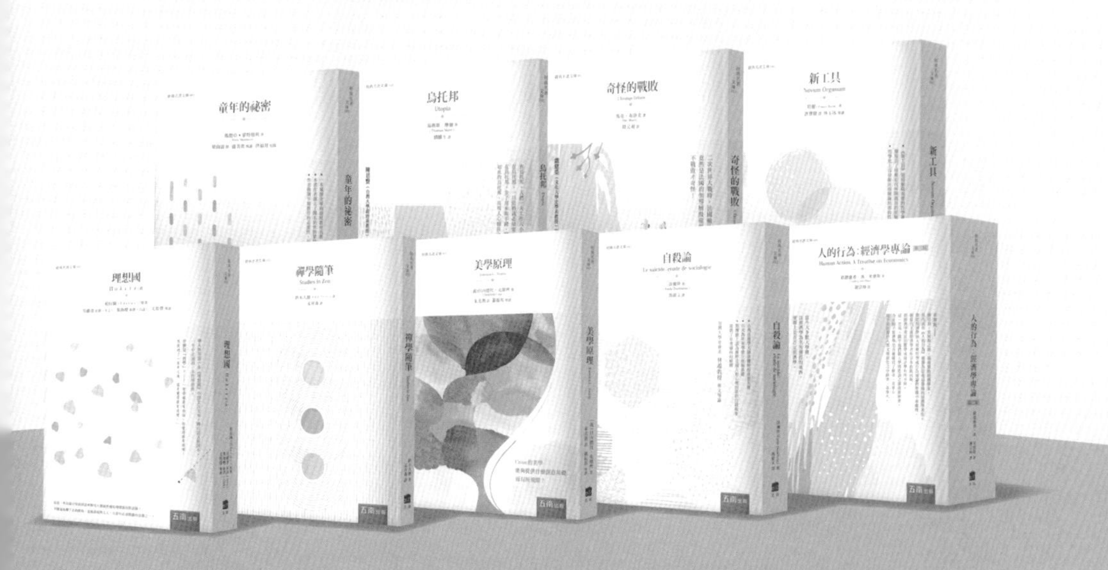

五南，五十年了，半個世紀，人生旅程的一大半，走過來了。
思索著，邁向百年的未來歷程，能為知識界、文化學術界作些什麼？
在速食文化的生態下，有什麼值得讓人雋永品味的？

歷代經典·當今名著，經過時間的洗禮，千錘百鍊，流傳至今，光芒耀人；
不僅使我們能領悟前人的智慧，同時也增深加廣我們思考的深度與視野。
我們決心投入巨資，有計畫的系統梳選，成立「經典名著文庫」，
希望收入古今中外思想性的、充滿睿智與獨見的經典、名著。
這是一項理想性的、永續性的巨大出版工程。
不在意讀者的眾寡，只考慮它的學術價值，力求完整展現先哲思想的軌跡；
為知識界開啟一片智慧之窗，營造一座百花綻放的世界文明公園，
任君遨遊、取菁吸蜜、嘉惠學子！